日本新建築
SHINKENCHIKU JAPAN 中文版 **32**

（日语版第 92 卷 3 号，2017 年 3 月号）

建筑的未来

日本株式会社新建筑社编　肖辉等译

主办单位：大连理工大学出版社
主　　编：范　悦（中）四方裕（日）

编委会成员：
（按姓氏笔画排序）
中方编委：王　昀　吴耀东　陆　伟
　　　　　茅晓东　钱　强　黄居正
　　　　　魏立志
国际编委：吉田贤次（日）

出 版 人：金英伟
统　　筹：苗慧珠
责任编辑：邱　丰
封面设计：洪　烘
责任校对：寇思雨

印　　刷：深圳市福威智印刷有限公司
出版发行：大连理工大学出版社
地　　址：辽宁省大连市高新技术产
　　　　　业园区软件园路 80 号
邮　　编：116023
编辑部电话：86-411-84709075
编辑部传真：86-411-84709035
发行部电话：86-411-84708842
发行部传真：86-411-84701466
邮购部电话：86-411-84708943
网　　址：dutp.dlut.edu.cn

定　　价：人民币 98.00 元

CONTENTS

日本新建筑 中文版 32

目录

004　岐南町新行政办公楼 · 中央公民馆 · 保健咨询中心

川原田康子 + 比嘉武彦 / kw+hg Architects　翻译：林星

014　市立米泽图书馆 · 米泽市民画廊

山下设计　翻译：林星

022　Nifco YRP Laboratory Buildings

竹中工务店　翻译：隋宛秦

030　KAMOI加工纸胶带纸新仓库

武井诚 + 锅岛千惠 / TNA　翻译：王小芳

038　河口湖虎之子托儿所

山下贵成建筑设计事务所　翻译：王小芳

046　道路休息区　备后府中

Coelacanth K&H　翻译：王小芳

054　新丰洲Brillia运动场

武松幸治 + E.P.A环境变换装置建筑研究所　翻译：张金凤

060　绫濑基板工厂

浜田晶则建筑设计事务所　翻译：张金凤

068　司化成工业筑波技术中心

吉松秀树 + ARCHIPRO　翻译：张金凤

三菱地所设计 大草彻也+须部恭浩 瀚亚国际设计 翻译：隋宛秦

项目说明

076　**KUZUMI电子工业藤泽新厂房扩建工程**
安井雅裕建筑研究所　翻译：吕方玉

084　**北海道厅主厅厅舍抗震修复工程**
竹中工务店/DOOKON　翻译：吕方玉

090　**山梨文化会馆抗震改建计划（抗震翻新）**
丹下都市建筑设计　翻译：吕方玉

098　**HOTEL NEW GRAND主楼 抗震改建工程**
清水建设　翻译：孙小斐

106　**熊本城天守阁重建复兴工程**
大林组　翻译：孙小斐

112　**MARS ICE HOME**
NASA（LANGLEY RESEARCH CENTER）
CLOUDS ARCHITECTURE OFFICE / SPACE EXPLORATION ARCHITECTURE　翻译：孙小斐

116　**台中大都会歌剧院**
伊东丰雄建筑设计事务所　大矩联合建筑师事务所　翻译：林星

134　**台北南山广场**
三菱地所设计 大草彻也+须部恭浩 瀚亚国际设计　翻译：隋宛秦

142　**项目说明**

岐南町新行政办公楼·中央公民馆·保健咨询中心

设计 川原田康子＋比嘉武彦／kw+hg Architects
施工 岐建·共荣特定建设企业联营体
所在地 日本岐阜县羽鸟郡
GINANTOWN HALL · COMMUNITY CENTER · HEALTH CARE CENTER
architects: YASUKO KAWAHARADA + TAKEHIKO HIGA / KW+HG ARCHITECTS

中央公民馆大厅的大型屋顶，结构为钢筋混凝土结构。该建筑为该地区的新建行政设施。
中央公民馆和保健咨询中心建于1层，行政办公设施建于中层区

从大厅看向半室内的檐下广场和内侧的礼堂。底层区用地为T形，整个空间屋檐利用充分、功能完备

保健咨询中心和中央公民馆之间的檐下广场，屋檐由直径为120 mm的钢柱支撑。保健咨询中心（钢筋混凝土结构）与中央公民馆（钢筋混凝土结构，部分为钢架结构）之间间距较宽，形成外廊结构

礼堂可容纳500人，面朝南侧大道。屋檐悬垂线为曲线，檐下为面积约384 m²（16 m×24 m）的无柱空间

打造"公共性"建筑

岐南町总人口约为25 000人，行政办公楼和公民馆即建筑群"岐南町新行政办公楼·中央公民馆·保健咨询中心"。行政办公楼大致为平面矩形，层数为5层，底层屋檐结构为圆形（环形），檐下四周空间宽敞，建有公民馆等设施。底层区的三大拱形屋檐相连成片，调节着顶棚高度和房屋宽度。一部分渐变细长狭窄，另一部分渐变宽广，最终形成相连的整体空间，包括小至几人使用的小型空间，大至容纳500人的礼堂。屋檐的拱形结构扩大了檐下区域反光面积，檐端较低，构成有庇护的开放式空间。檐下连续空间与行政办公楼办公室相连，办公区设有立体流线式屋顶和百叶窗，配上过道动线，立体感十足。

底层区的半室内游廊配有长椅，视觉效果随游廊尽头与墙壁的变化而变化。游廊以建筑物为中心，周围空间开阔，形成连接室内外的半室内广场。游廊延伸至四面八方，连接着用地周围的街区和道路，有利于加强建筑区与街区之间的联系。

这一系列建筑组合得天衣无缝，以不同的方式和空间布局与室外相连。同时形成环形散步小憩空间，即游廊。我们旨在打造这样一种生活空间，即各处相通，即使设施未开放也可靠近。无论何处都可随意小憩，还可用作多功能聚会场所，可驻足观看，可实际参与，可当作过道，可当作休憩场所。同时，我们还希望能够潜移默化地改变街区面貌，开阔大家的生活视野，进而打造公共性能高的生活环境。

（川原田康子＋比嘉武彦／kw＋hg Architects）

（翻译：林星）

南侧俯瞰视角。建筑用地上建筑密布，散步游廊四通八达

设计：建筑：川原田康子+比嘉武彦/kw+hg Architects
　　　结构：梅泽建筑结构研究所
　　　设备：设备计划
施工：岐建·共荣特定建设企业联营体
用地面积：8306.47 m²
建筑面积：4217.36 m²
使用面积：7574.57 m²
层数：地上5层
结构：办公楼：钢筋混凝土结构　部分为钢架钢筋混凝土结构（抗震）
　　　公民馆：钢筋混凝土结构　部分为钢架结构（抗震）
　　　保健咨询中心：钢筋混凝土结构
工期：2013年9月～2015年7月
摄影：日本新建筑社摄影部（特别标注除外）
（项目说明详见第142页）

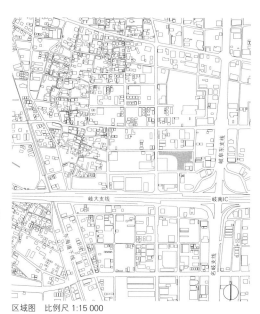

区域图　比例尺 1:15 000

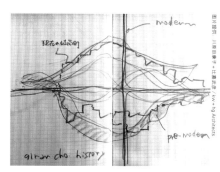

从与街道的表层与深层联系来打造建筑（设计竞标时的设计构想）

干线道路如巨大的坐标轴将街道分隔。该街区人们联系较少、缺乏交流。但同时，因为原木曾川流域的不断变化，这片土地同时拥有美浓（日本旧国名）、尾张（日本旧国名）的文化。本次建筑设计旨在凸显该地区看似单调的风土人情之下蕴藏着的各种错综复杂的力量。

（川原田康子＋比嘉武彦／kw＋hg Architects）

礼堂和中层区行政办公楼。屋檐厚度为250 mm，檐端厚度为100 mm

中层区行政办公楼和底层区游廊。檐端较低，有利于庇护室外空间。中层区行政办公楼
为抗震结构，与底层区相比，结构不同，物理属性各异

东侧游廊和中层区行政办公楼正面的百叶窗式外观设计，功能与遮阳窗、遮挡物相似。百叶窗设计与中层办公区的立体流线式屋顶相连，令人联想到木曾川流经之地岐南町的历史文脉

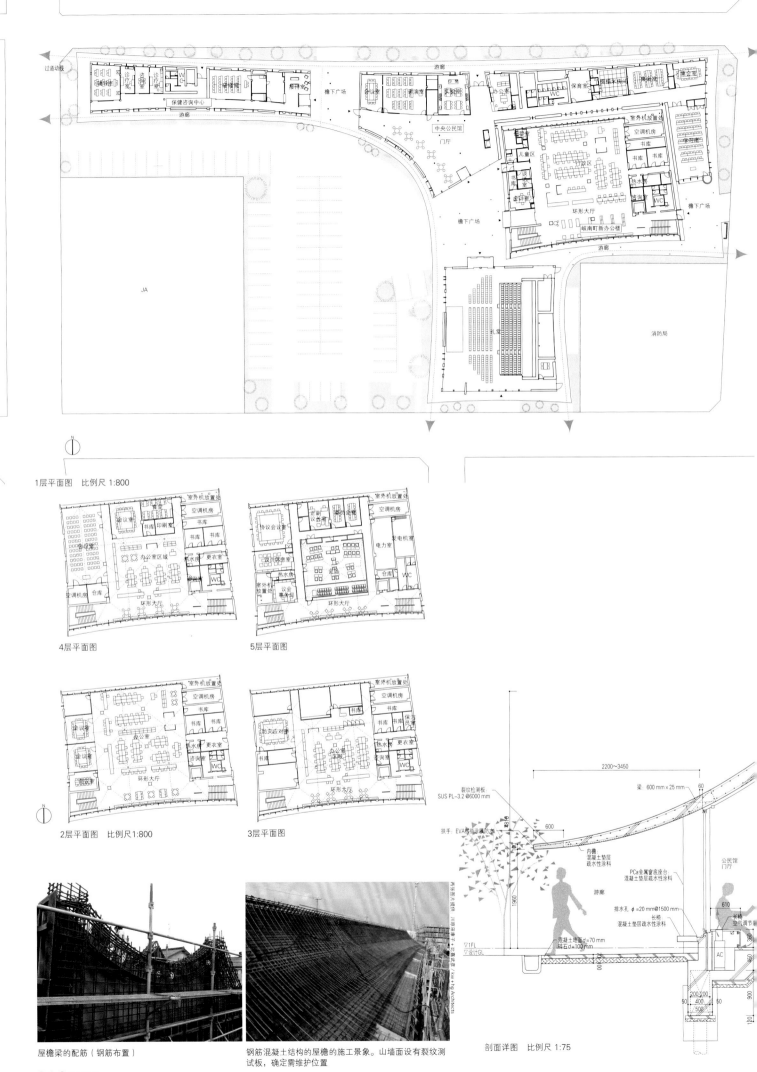

1层平面图　比例尺 1:800

4层平面图　　　　　　5层平面图

2层平面图　比例尺1:800　　　　3层平面图

屋檐梁的配筋（钢筋布置）

钢筋混凝土结构的屋檐的施工景象。山墙面设有裂纹测试板，确定需维护位置

剖面详图　比例尺 1:75

左：西侧保健咨询中心视角。檐下设有游廊/右上：中层区的行政办公楼。环形大厅和办公区。办公区顶棚为无梁顶。办公区建筑层高设计充分考虑费用问题及日照条件，作为办公空间大小适宜。无梁柱设计有利于南侧开口部阳光通过顶棚反射进室内/右下：礼堂与办公行政大厅之间设有檐下广场，便于举办活动。屋檐的山形墙突出部分最大幅度约为16 cm

▌檐下空间▌

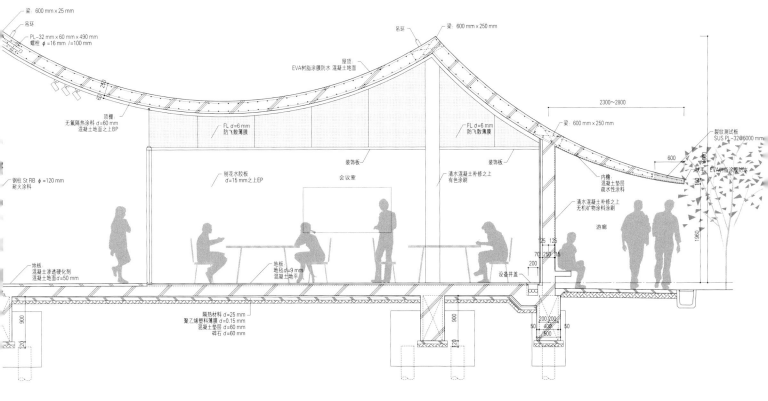

市立米泽图书馆·米泽市民画廊

设计 山下设计

施工 金子·纲代·白井特定建设企业联营体

所在地 日本山形县米泽市

YONEZAWA CITY LIBRARY & YONEZAWA CITY ART GALLERY

architects: YAMASHITA SEKKEI

东侧外观图。为使米泽市中心街区焕发生机，设计修建图书馆兼画廊。因为当地多雪，在1层沿路的屋檐下设计了被当地人称为 "Komaya" 的檐下空间。除 "Komaya" 之外的外墙均使用当地柳杉作为材料

建筑物中央挑空区域高13 200 mm。挑空区域中央由4根墙柱支撑屋顶重量。混凝土墙壁具有抗震效果。顶棚设有照明灯。因为3层以上不用于起居，所以挑空部分不设置防火区，采用整体化的设计方案

上：1层画廊/中：开放型画廊。由墙柱串联而成的空间/下："Komaya"（檐下空间）

设计：山下设计
施工：金子·纲代·白井特定建设企业联营体
用地面积：3217.92m²
建筑面积：2703.34m²
使用面积：6193.27m²
层数：地上5层
结构：钢筋混凝土结构　部分钢架结构
工期：2013年9月～2016年3月
摄影：日本新建筑社摄影部（特别标注除外）
（项目说明详见第143页）

在新街区中心营造"广阔的图书空间"

　　米泽市位于山形县最南端——吾妻连峰下的米泽盆地。该地区冬季气温低，全年累计降雪量高达10 m，属于多雪地区。市中心保留着旧时的街区结构和规模。本项目旨在使市中心重新焕发生机，选取市中心广场的位置建造图书馆。

　　本项目有两个基本的设计理念。一是创造一个"图书广场"，使市民在冬天也能有温暖明亮的公共空间，不会因为大雪封闭室外的公共空间而失去活动的场所。二是希望能够设计出同街区中心的小型住宅和生态环境和谐共存的建筑。

　　我们将墙柱设计成同心圆状的网格结构，墙柱沿着建筑物的中心铺设开来，形成楼梯状剖面结构，墙柱外侧设有厚度为100 mm的木板。这种结构可以使建筑物的内部采光充分，在保持多样性的同时，不会对周围的小型建筑物产生压迫感，并兼具雪灾庇护所的功能。

　　另外，同心圆状网格墙柱结构能够温和地分割开建筑物内部的空间，再经由"Komaya"这一媒介同外部环境联系起来，赋予建筑物在内外环境联系方面的多样性。另外采用了产自当地的柳杉作为外部装饰材料兼隔温材料，建筑物内部为钢筋混凝土结构，保温效果很好。我们计划建造一座拥有20万册藏书的温暖舒适的图书馆。

　　外部装饰材料采用木材的建筑物在雪景中会给人以温馨的感觉。米泽市在古代是以城郭为中心建立的城下町，市中心依旧保存着旧时的风景，我们希望图书馆不仅有良好的保温性能，还能够成为同米泽市传统风情和谐共存的新风景。

（安田俊也·赤泽大介/山下设计）
（翻译：林星）

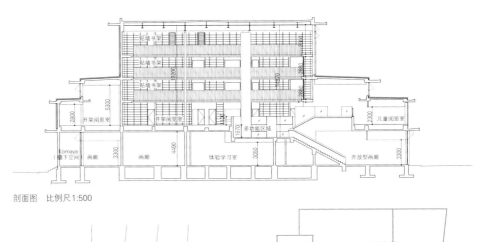

剖面图　比例尺1:500

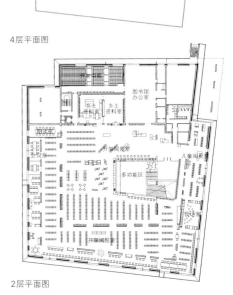

4层平面图

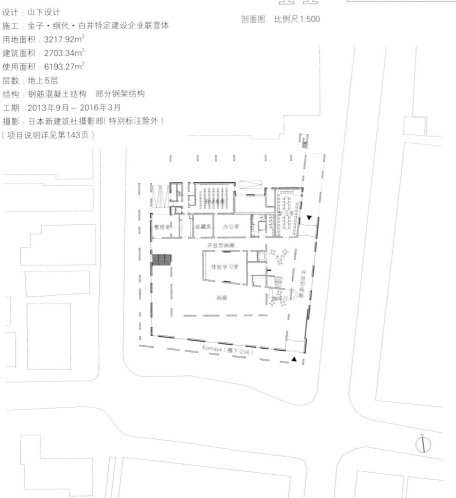

区域图兼1层平面图　比例尺1:1000

2层平面图

1层开架阅览室。被满满3层贴墙书架包裹的大空间。3层以上外部区域设有墙柱

挑空空间中的开架阅览室。中心部顶棚高度最高，墙柱高度由中央向四周逐渐降低，外围墙柱高度2800 mm

图书馆外围区域视角下的中央挑空空间

图书馆外围区域的朗读区和自习区。墙柱为钢筋混凝土结构，厚度为270 mm

多功能区和挑空空间的开架阅览室

混凝土墙壁结构营造的广阔空间

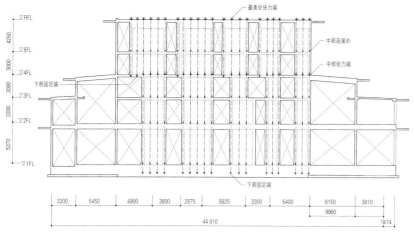

预应力钢材分配框架图　比例尺1:500

墙柱内的柱型　　墙柱

混凝土墙壁结构

墙壁设计成同心圆状的网格结构，这是我们对设计精益求精的结果。在此基础上尽可能降低墙壁厚度，配合各层功能赋予墙壁相应的密度。墙壁结构为钢筋混凝土250 mm×600 mm规格的墙壁与厚度为250 mm抗震墙的整体组合结构。墙柱加入混凝土可以防止断裂。

本建筑的中央区域为广阔空间。屋顶为钢架结构，钢架与井栏组合构成天花板。中央区域墙柱中加设钢筋，雪荷载可达2 m。

3层外围区域加配抗震墙柱。外围区同屋顶钢架接口处采用铰链接合。

（丸谷周平/山下设计）

采用柳杉材料外墙隔热，营造温暖环境

该建筑的空间氛围非常温馨，这需要更加舒适且高效的温度调节系统。我们在外墙上加设厚度为100 mm的柳杉作为保温材料，在此基础上，也尝试在混凝土墙体结构上做出改变，提升保温效果。

（松村佳明/山下设计）

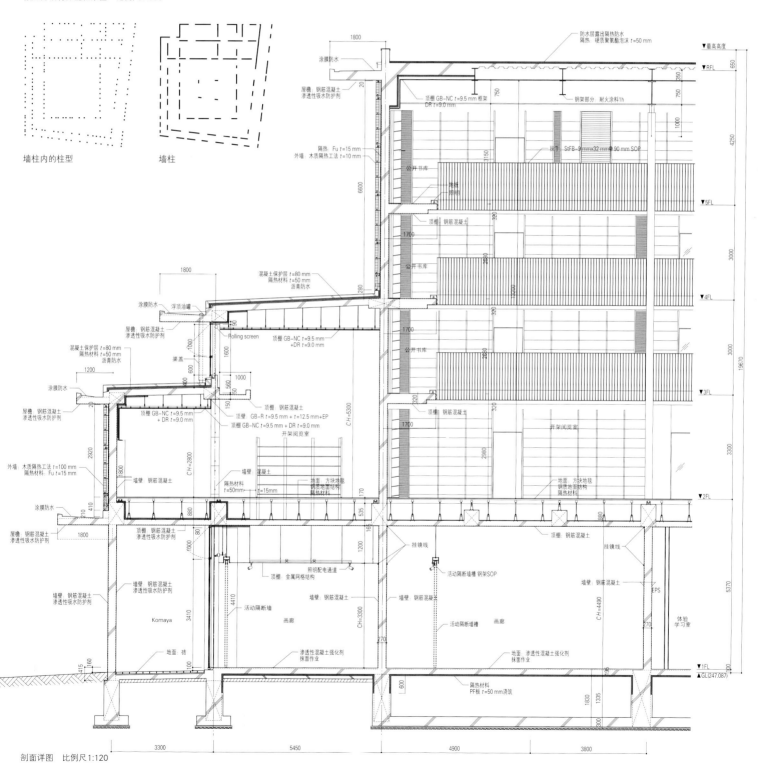

剖面详图　比例尺1:120

Nifco YRP Laboratory Buildings

设计施工　竹中工务店

所在地　日本神奈川县横须贺市
NIFCO YRP LABORATORY BUILDINGS
architects: TAKENAKA CORPORATION

西侧正面外观图。正面是沿着恒风的轴线设置的全长约70 m的"风的通道",相邻后方是工人集中作业的实验楼。左后方是原有技术开发中心。"风的通道"将这些建筑同总部大楼结合起来,成为可以进行沟通交流的整体空间,并营造了开放的道路空间

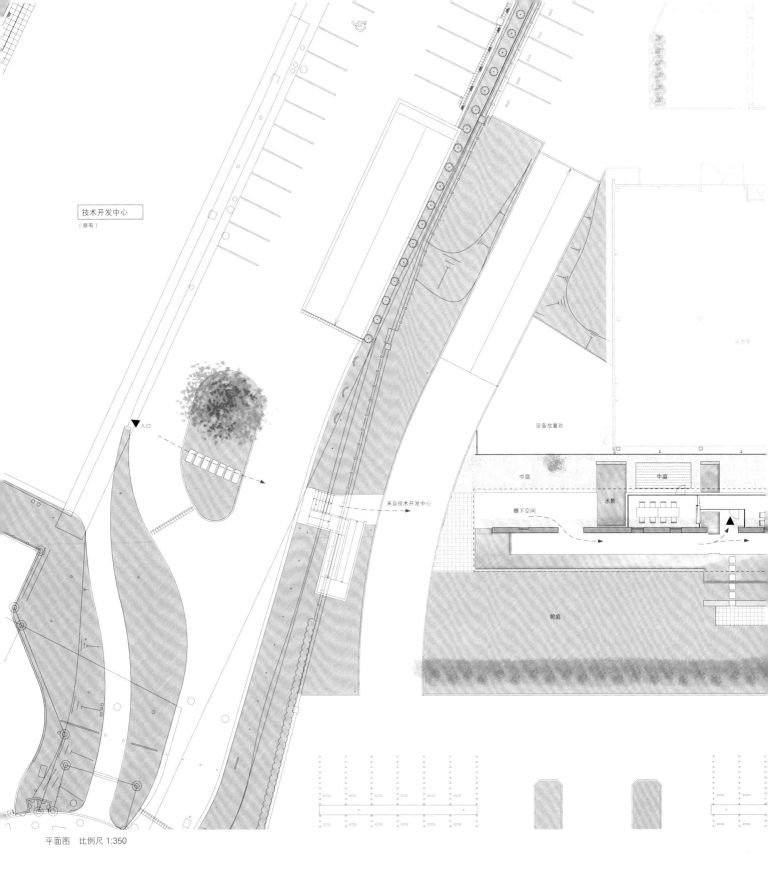

技术开发中心
（原有）

入口

来自技术开发中心

设备放置处

中庭

中庭

水景

檐下空间

前庭

平面图　比例尺 1:350

"风的通道"、实验楼1、实验楼2三者相连

"风的通道"同实验楼1相接的过渡走廊

设计施工：竹中工务店
用地面积：15 918.65 m²
建筑面积：2050.49 m²
使用面积：1689.38 m²
层数：地上1层
结构：钢架结构　部分钢筋混凝土结构
工期：2015年10月～2016年7月
摄影：日本新建筑社摄影部（特别标注除外）
*图片提供：竹中工务店
（项目说明详见第144页）

区域图 比例尺 1:3000

发散思维，建筑与自然环境融为一体

　　本项目为工业用禁固件以及高性能树脂制品大型制造商Nifco公司的实验楼。项目用地所在的横须贺YRP地区是以水边公园为中心的丘陵地带，绿意盎然，自然风光保存完好，以企业和大学的科研场所而闻名。Nifco公司于2013年在此处建造了技术开发中心和总部大楼，如今在这两栋楼中间建设实验楼，是Nifco公司新据点建设工程的核心建筑。

　　首先，在用地东侧设置工人集中作业的实验楼。工人在原有楼（技术开发中心与总部大楼）中有自己的工位，进入实验楼的目的是进行产品的性能测试。因为原有楼之间的人员流动也很频繁，所以就要求有一个场所能够起到连接三栋楼的功能。我们将这个具有连接功能的场所设置在从海的方向刮来的恒风中轴线上，命名为"风的通道"。"风的通道"既可以作为实验楼的入口，又可用于短暂交流和休息，完全视使用者的心情而定。我们希望营造出一个可以一边欣赏自然美景，一边深化与同事的交流，碰撞出思想的火花的场所。

　　"风的通道"外部屋檐低，而室内的休息厅却设有很高的顶棚，宽敞而明亮。大屋顶采用了仅凭中央一排钢筋混凝土墙壁来支撑的弥次郎兵卫（日本传统玩具）结构，形成墙壁内外屋檐高度不同却连成一体的建筑，外部不设置墙柱。"风的通道"可以使人直接感受到光影和风力的变幻，是连接多个建筑的开放型空间。

　　（越野达也／竹中工务店）

　　（翻译：隋宛秦）

剖面图 比例尺 1:400

北侧檐下空间近处。檐下空间象征着自然的移动。墙壁一侧□□□□□□□□□□□□□□坚实的
混凝土墙壁采用了超低收缩混凝土（已申请专利），打□□□□□□□□□□□□□□□□□为内部
空间的休息区

北侧檐下空间视角。仅凭中央的清水混凝土墙壁支撑，两端是约向外伸出4 m的大屋顶。为了尽可能减轻重量，我们采用了钢架梁+干式屋顶的设计。因为屋顶是曲面的，所以并不需要其他特殊加工。远处为总部大楼

中庭远处视角。建筑物内外水景连成一体

休息区视角。钢筋混凝土上方同顶棚的交接处设置照明灯。

"风的通道"北侧俯瞰视角。远处是实验楼

┃修建无缝的屋顶和墙壁┃

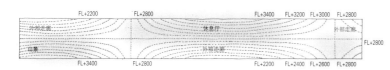

屋顶（顶棚）等高线图
顶棚高度2100 mm~3500 mm

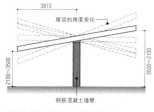

以中央的钢筋混凝土墙壁为基点，流线型屋顶的倾角缓缓变化，形成无缝的曲面屋顶

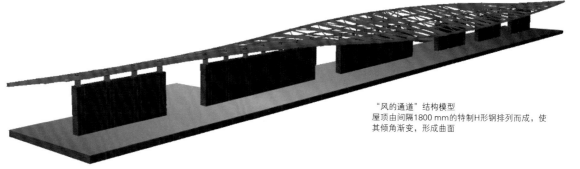

"风的通道"结构模型
屋顶由间隔1800 mm的特制H形钢排列而成，使其倾角渐变，形成曲面

开口部侧边的钢网和送风管*

钢筋混凝土墙壁完工状态*

保持屋顶角度逐渐变化的同时又排列在直线的梁上，施工时需要一点一点地将I形平屋顶和断热钢板拧在一起

屋顶由间隔1800 mm的特制H形钢排列而成，使其倾角渐变，构成了曲面。我们首先将屋顶所需材料I形平屋顶和断热钢板做出样品，对其扭转形状进行跟踪，确定其最终形态。

为了减少中央钢筋混凝土墙壁裂缝，保持墙面美观和持久度，我们开发了超低收缩混凝土（已申请专利），实现没有诱导缝的平滑表面。另外为了提升施工精度，考虑到厚490 mm、高3.1 m混凝土墙的侧压力，从上到下进行二次浇筑，保持模板精度，浇筑时间控制在60分钟以内，防止出现裂缝。为保证下方混凝土的填充性，在开口部侧边设置钢网和送风管，提前将混凝土浇灌在1层各开口处顶端。浇筑混凝土时，软管间隔3 m向墙壁下方移动，这样可以防止出现蜂窝。

（越野达也　田井畅　佐藤敏之／竹中工务店）

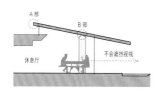

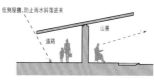

剖面

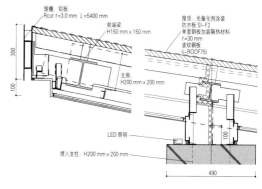

钢筋混凝土墙壁上的支点详图（左：A部，右：B部）
比例尺1:20

KAMOI加工纸胶带纸新仓库

设计 武井诚＋锅岛千惠／TNA
施工 藤木工务店
所在地 日本冈山县仓敷市
MT NEW WAREHOUSE OF KAMOI KAKOUSHI
architects: MAKOTO TAKEI + CHIE NABESHIMA／TNA

夜景。东南侧外观。该建筑是建于KAMOI加工纸第二工厂仓库旁边的用于保管商品的仓库。中间通道
将两栋建筑连接在一起。第二工厂仓库的外壁采用多层聚碳酸酯。新仓库共两层，内部透明可见

开口部高5430 mm，房门可朝左右方向推拉。内部为钢架拉杆结构，由75 mm×
75 mm的H形钢柱与100 mm×50 mm的梁组成

联系货物与城市的生产形式

武井诚

剖面图　比例尺 1:500

开放式工厂

位于仓敷市的KAMOI加工纸是一家生产黏着胶带的公司。从粘蝇纸到面向文具、杂货的胶带纸，该公司制造了黏着技术一流的胶带。公司创立时，工厂周边田园风景恬静幽雅。现在，工厂周边住宅区林立，工厂的存在越来越引人注目。工厂内部的建筑物作为制造场所，层次合理而独特。宽敞的楼间距与建筑物内部的广阔空间是该建筑物的魅力所在。在经济高度发展的时期，工厂作为噪音和异味的来源，被认为是公害之源，负面形象深刻。为防止技术流出，工厂设有围墙遮挡，封闭性高。但是现在，为了让外界参观制造工程，KAMOI加工纸开放工厂，传承百年的制造精神，建设崭新的工厂，积极向地区及世界发扬工厂文化。而且，我们着手的第三期建筑物即将竣工，工厂整体的面貌将会焕然一新。

五年前开始计划建造"第三搅拌工厂史料馆"。当时工厂内作为仓库的唯一一栋2层建筑的2层地板上设有6个规划整齐的洞，用于放置搅拌黏着剂的大型机器。现在，在没有任何作用的楼梯井上安装了支撑新房顶的柱子。钢筋混凝土结构的柱子和梁保持原状，拆除预制砌块制成的外壁与石棉瓦这一屋顶材料，将1层打造为可一览工厂全貌的开放性自由空间，将2层打造为展示公司历史的史料室。"第二工厂仓库"将狭窄的生产线的一部分转移到第二工厂中。为配合第三搅拌工厂史料馆楼梯井的高度，打造高顶棚的仓库区域——将商品进行盒装打包以及保管物品区域，以及顶棚低的作业区域——作为办公以及手工将商品进行艺术包装区域。这两个项目以工厂原有的制造模式为基础，构建新的生产形式，并与人联系起来。第三搅拌工厂史料馆的楼梯井与第二工厂仓库的钢架门式框架可以说是这个工厂独有的风景。

KAMOI加工纸胶带纸新仓库

在发货前将商品装箱暂时保管的场所就是"KAMOI加工纸胶带纸新仓库"。工厂里有商品发货使用的箱子，胶带纸的箱子是白色的。搬运时可能会弄脏，但是捆包材料也是商品的一部分，选用象征安全、清洁的白色是企业的经营理念（商品已达到日本食品卫生法标准）。由此我们认为保管

纸箱的仓库不应该是封闭的、黑暗的，而应该是将闪亮的白色展现于外的。装胶带纸的纸箱大小决定了白色箱子能堆积3～5个，又由此决定了叉车装卸机专用的运输货板的大小。而货板的大小又决定了叉式货车的架子的大小。该工厂使用的货板为1.4 m的方架，比一般货板稍大，是很早以前特别订制的木制品。为使320 mm × 290 mm × 640 mm的白色纸箱展现出来，将仓库整体以及叉式货车打造为一体化的构造。两个柱子间横插两个货板，在上、中、下三层上分别放3、4、5个纸箱。拉杆构造下，柱和梁的结构使拉杆的位置相对自由，可在设置联络通道时进行灵活处理。工厂特有的托板决定了仓库的模式，这使制造更加透明化，也是打造独一无二的工厂的契机。而且，这不仅是工厂建筑的新模式，也为全行业未来的发展提供了参考。

与城市融为一体

胶带纸新仓库的规模是由叉车装卸机的最小旋转半径、通道、建筑物的耐火性能决定的。建筑物整体的防火规划里规定的建筑物之间的相隔距离以及与防水防火槽之间的距离决定了工厂内的配置。之前分散不齐的工厂建筑物由于生产场地独特的模

式而连接在一起，工厂的风景慢慢与街景融合。原本应首先改造工厂大门旁边的办公大楼。但是，胶带纸工厂项目计划让建设用地内部的工厂核心建筑物作为第三搅拌工厂史料馆成为人们交流的平台。所以首先改造建设用地内部，而不是正面入口。建设用地周边没有遮挡的栅栏，可从居民区望到工厂内部。制造现场就是工厂的外观，工厂建筑向周边开放。今后，建设用地内的建筑将会不断进行改造、重建。工厂作为生产之地蕴藏着无限可能性。

（翻译：王小芳）

俯瞰建设用地。用地周围未建栅栏与边界遮挡物，尽可能向城市开放

1923年创立的工厂中用日本纸制造的独特的胶带纸，薄而强度大。照片是整整齐齐装到白色盒子里的彩色胶带纸。图片提供：KAMOI加工纸

KAMOI加工纸第三搅拌工厂史料馆

KAMOI加工纸第二工厂仓库

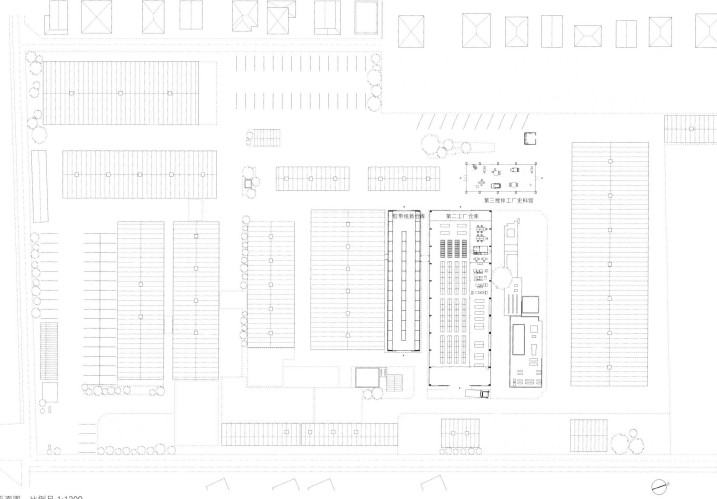

区域平面图　比例尺 1:1200

西北侧外观。保留原有建筑物的屋顶形式，将新建筑物屋顶设为平屋顶，改造建设用地内部的建筑物

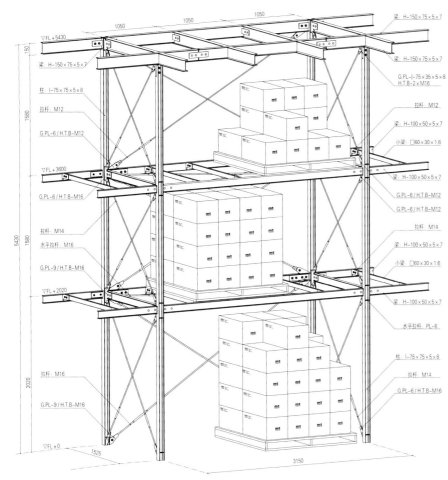

框架轴测图　比例尺1:50

左侧标注（从上到下）：
▽FL+5430
梁：H-150×75×5×7
柱：I-75×75×5×8
G.PL-I-75×35×5×8 / H.T.B-2×M16
拉杆　M12
G.PL-6 / H.T.B-M12
▽FL+3600
G.PL-6 / H.T.B-M16
拉杆　M14
水平拉杆　M16
G.PL-9 / H.T.B-M16
▽FL+2020
拉杆　M16
G.PL-9 / H.T.B-M16
▽FL±0

右侧标注（从上到下）：
梁：H-150×75×5×7
梁：H-150×75×5×7
拉杆　M12
梁：H-100×50×5×7
小梁　□60×30×1.6
梁：H-100×50×5×7
G.PL-6 / H.T.B-M12
G.PL-6 / H.T.B-M12
拉杆　M14
梁：H-100×50×5×7
小梁　□60×30×1.6
梁：H-100×50×5×7
水平拉杆　PL-6
柱：I-75×75×5×8
拉杆　M14

尺寸标注：150、1580、5430、1580、2020、1525、1050、1050、1050、3150

让轻型构造更稳固

轻型建筑的构造风格

　　该构造为拉杆结构，将两层货架水平构面插入高为5430 mm的柱子，以达到用柱子来支撑重量的目的。屋顶梁跨距为7475 mm，为了打造与柱子视觉配合效果好的框架，利用货架内部1525 mm的空间加固梁的两端，以1050 mm为间距设置屋顶梁。可看到框架下方有金属垫板，几乎不用电压及焊接等结合方式。只在屋顶梁需要固定的地方进行焊接。

（满田卫资）

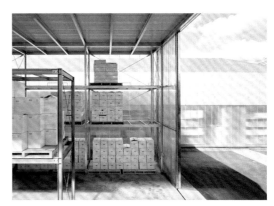

从新仓库内部看向第二工厂仓库。中央的导轨是从第二工厂仓库搬来的

设计：建筑：武井诚+锅岛千惠／TNA　　层数：地上1层
　　　结构：满田卫资结构规划研究所　　结构：钢架结构
　　　施工：藤木工务店　　工期：2016年8月～2016年12月
用地面积：25 362.00 m²
建筑面积：11 272.53 m²　　摄影：日本新建筑社摄影部（特别标注除外）
使用面积：11 385.02 m²　　（项目说明详见第144页）
胶带纸新仓库面积：468.36 m²

移动托板要方便叉式装卸车进出。内部的通道宽度是综合考虑叉式装卸车的会车及旋转半径而设计的。为了方便叉式装卸车一次性拿取底部5个、中部4个、上部3个纸箱，两侧的导轨在适宜的高度设有梁。整体顶棚高为5430 mm

隔着外部的聚碳酸酯看向内部

河口湖虎之子托儿所

设计　山下贵成建筑设计事务所
施工　日幸产业
所在地　日本山梨县南都留郡富士河口湖町
KAWAGUCHIKO TORANOKO NURSERY
architects: TAKASHIGE YAMASHITA OFFICE

南侧外观。建该该托儿所的目的是接收养老保健设施及有别养老院、菜种绿荫之家工作人员的孩子以及地区的孩子们。在最大跨度约9.8 m场地上方架设厚度为86 mm的大型曲面屋顶，屋顶下就是孩子们玩耍的区域——大屋顶广场

设计：建筑：山下贵成建筑设计事务所
结构：佐佐木睦朗结构设计研究所
壁画：mirokomachiko
施工：日幸产业
用地面积：296.13 m²
建筑面积：177.24 m²
使用面积：170.66 m²
层数：地上1层
结构：钢架结构　部分为木质结构
工期：2016年3月～10月
摄影：日本新建筑社摄影部（特别标注除外）
*图片提供：山下贵成建筑设计事务所
（项目说明详见第145页）

东侧托儿室。可见大屋顶广场，设有绿色景观、休息室。顶棚铺设厚9 mm、宽75 mm的结构胶合板

可从东侧看到大屋顶广场的下方。托儿所名字中有"虎"字，墙壁上有mirokomachiko画的关于虎的壁画

区域图　比例尺 1:2000

屋顶下的欢声笑语

该托儿所建于山梨县富士河口湖町，接收两岁以下的幼儿。可远眺富士山，建筑被三栋养老设施包围。以前这里的建筑物2层设有托儿所，但考虑每天上下楼梯会影响孩子们的外出安全而且缺少尽情玩耍的庭院，新建该托儿所。附近的养老设施每天都举行音乐会、体操等活动，老人也会在设施间散步。来诊所就诊的地区居民以及工作的人非常多，因此我们认为这里需要建设托儿所来接收幼儿，更需要建设一个大家可以欢聚一堂的场所。

建设用地四周被建筑物包围，为了向各个方向开放，架设了几个屋顶。弯曲的屋顶、作为庭院的大屋顶广场、向地区开放的休息室、可眺望富士山的餐厅和办公室连接在一起，营造出和谐的氛围。屋顶下方有尽情玩耍的孩子们、有歇息的老人、有在屋檐下闲聊的妈妈们、有晒太阳的猫咪。大家聚集在树荫下享受着闲暇时刻的那份惬意。

祝愿托儿所能够成为跨年龄、跨地区的社区核心空间以及促进大家交流的开放之地。

（山下贵成）

（翻译：王小芳）

从餐厅看向绿色景观。越过大屋顶广场看向街市。可眺望到富士山。大屋顶最高高度为7300 mm

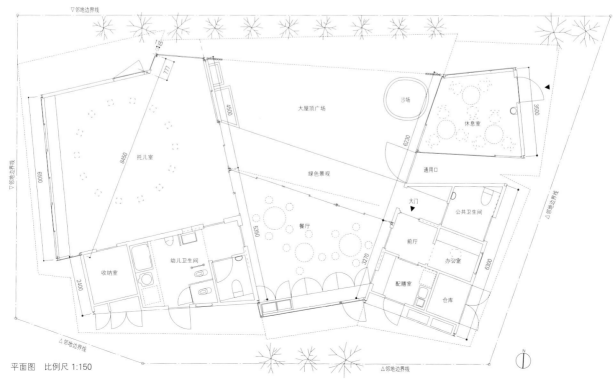

平面图　比例尺 1:150

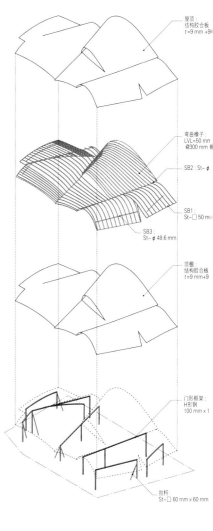

结构图表
该结构是架设弯曲椽子连接钢架结构的门形框架

北侧视角。厚度为86 mm的屋顶的镀铝锌钢板下方有50 mm的单板层积材。用结构胶合板打造为三层结构

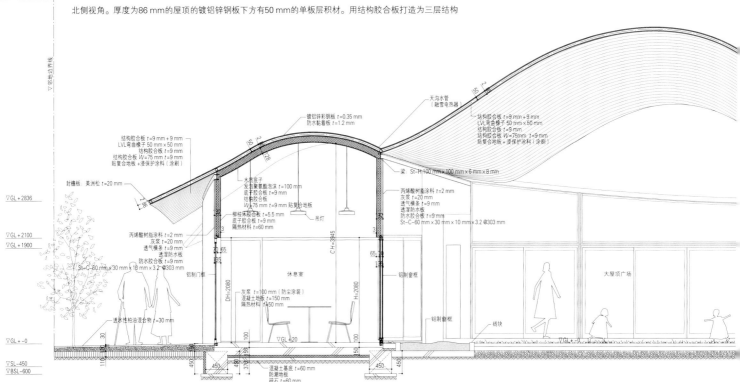

剖面详图　比例尺 1:75

上：将结构胶合板铺在弯曲椽子上*／中：钢架与椽子的接头部分*／下：梁与顶棚之间的收纳空间

架设弯曲椽子的情景。弯曲椽子是由50 mm厚的单板层积材高精度预切而成的

结构胶合板 t=9 mm + 9 mm
镀铝锌彩钢板 t=0.35 mm 黏着工法
融雪电热器
结构胶合板 t=9 mm + 9 mm
第4层 W=75 mm贴复合地板
LVL 50 mm × 50 mm
St PL t=3.2 mm
SB2：St φ60.5 t=4 mm
贯通材料：St PL t=6 mm
柱：H形钢 100 mm × 100 mm × 6 mm × 8 mm

部分详图 比例尺 1:10

柱：H形钢 100 mm × 100 mm × 6 mm × 8 mm
梁：H形钢 100 mm × 100 mm × 6 mm × 8 mm
贯通材料 St PL t=6 mm
SB2：St φ60.5 t=4 mm
St PL t=3.2 mm
Bolt-2-M12
LVL 50 mm × 50 mm

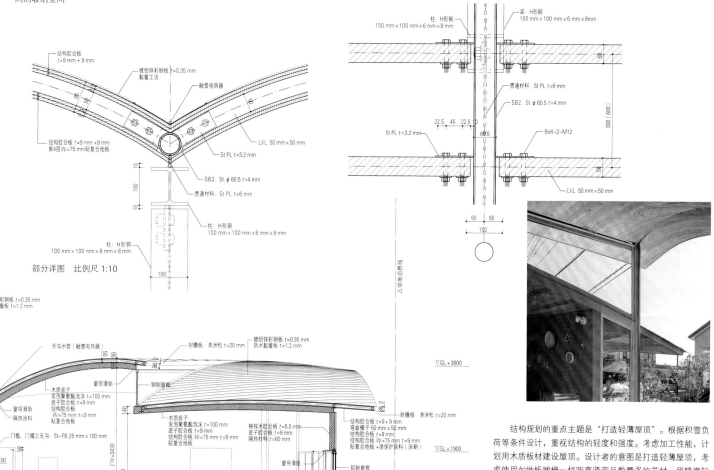

镀铝锌彩钢板 t=0.35 mm
防水黏着板 t=1.2 mm

天沟水管（融雪电热器）
封檐板 美洲松 t=20 mm
镀铝锌彩钢板 t=0.35 mm
防水黏着板 t=1.2 mm
木质底子
发泡聚氨酯泡沫 t=100 mm
底子胶合板 t=9 mm
结构胶合板 W=75 mm t=9 mm
贴复合地板
钢制窗框
窗帘滑轨
结构胶合板 t=9+9 mm
椽桩木胶合板 t=5.5 mm
底子胶合板 t=9 mm
结构胶合板 W=75 mm t=9 mm
隔热材料 t=60 mm
封檐板 美洲松 t=20 mm

▽GL +3600

木质底子
发泡聚氨酯泡沫 t=100 mm
底子胶合板 t=9 mm
结构胶合板 t=9 mm
隔热涂料
门槛、门楣上无沟 St-FB 25 mm × 100 mm

托儿室

结构胶合板 t=9+9 mm
弯曲椽子 50 mm × 50 mm
底子胶合板 t=9 mm
结构胶合板 W=75 mm t=9 mm
贴复合地板 + 浸保护涂料（涂刷）

窗帘滑轨
铝制窗框

▽GL +1900

镜子 t=5mm（张贴防止飞散的胶片）
底子胶合板 t=9 mm
隔热材料 t=60 mm
St-C-60 mm × 30 mm × 10 mm × 2.3 @303 mm

复合地板（地暖）
电热缆
木质底子
钢制支柱〔隔热材料〕h=35 mm
混凝土地坪 t=150 mm
隔热材料 t=50 mm

▽GL +800

张贴扁钢纵向护墙板 w=75 mm t=12 mm
底子胶合板 t=18 mm
透气防水板
透湿防水板
St-C-60 mm × 30 mm × 10 mm × 2.3 @303 mm

▽GL +0

混凝土基底 t=60 mm
防潮板
天沟水管（融雪电热器）
碎石 t=60 mm

混凝土基底 t=60 mm
防潮板
碎石 t=60 mm

▽SL -450
▽BSL -600

结构规划的重点主题是"打造轻薄屋顶"。根据积雪负荷等条件设计，重视结构的轻度和强度。考虑加工性能，计划用木质板材建设屋顶。设计者的意图是打造轻薄屋顶，考虑使用如地板搁栅一样距离紧密且数量多的芯材，用精度较高的预切方法提高施工精度。

为了使形状复杂的屋顶部分的木结构以及支撑结构简化，在一个方向架设屋顶的支撑结构——钢架梁。分割各房间的墙壁内部，在两侧架设拉杆，以固定钢架柱子顶端。这样屋顶部分的木结构以及支撑屋顶的钢架结构可以简单地连接起来。

（平岩良之／佐佐木睦朗结构设计研究所）

道路休息区　备后府中

设计　Coelacanth K&H
施工　道下工务店
所在地　日本广岛县府中市
ROAD SIDE STATION BINGO FUCHU
architects: COELACANTH K&H

从建设用地北侧的交流露台前方看向中庭。该道路休息区位于非常有名的府中家具的生产地——
广岛县府中市的中心地带。根据用途的不同将木质屋顶的建筑物分隔开，打造出室外空间，将柱
子与斜条桁架制成的框架连接，以实现结构一体化。右前方是产地直销市场的后院仓库，可看到
商品搬入仓库的场景

向街市开放的道路休息区

日本全国各地郊外陆陆续续开设道路休息区，不仅满足了观光游客的需求，也提高了当地农家生产的欲望，呈现出欣欣向荣的景象。广岛县府中市也建设了前所未有的市区型道路休息区，以激发市区活力为目标，在2014年11月举办了建筑设计竞赛。

JR府中车站地区曾是市中心，但由于国道旁边大型店铺吸引了人流，越来越不被人重视。在此情况下，迫切需要道路整顿，让府中站成为造福于该地区居民的重要终点站。因此，没有将以销售商品为主体的建筑物聚集在一起，而是根据不同用途划分建筑物，让经过该地的市民以及从其他地方来的客流能够感受到该地的繁华。并非通过重大活动搞活城市经济，而是使附近的购物、休闲、上班、上学等日常活动自然交杂融合，让建筑物作为风景实现可视化，这对于城市而言非常重要。

同时，由于时代变迁，当地产业技术逐渐被忽视。我们的目标是搞活产业技术并使其与新建筑融合。我们拜托市政府的产业振兴科，拜访碎纹织布工厂，寻问牛仔布缝制工厂特殊的布料及其做法，拜访当地的家具工厂，将这些技术运用于建筑物的暖帘和陈列台。在建设公共建筑时，如何与当地人齐心协力共同建设是非常有趣的课题。

为了让当地的家具能够更好地展现于世人眼前，柱与梁都用纯铁制成，结构规划非常细致。每栋建筑的屋顶是分隔开的，又有一部分连接在一起，形成一体化结构。这样可以打造出通透性高且相互连接的画面。尤其重视斜条桁架的特殊加工与木梁的精度，制造技术非常先进。

（工藤和美）

（翻译：王小芳）

运用制造业城市——府中市的技术

粗斜纹布制成的暖帘，可遮挡夕阳。用不同布料缝制为条纹状，可随意切换里外条纹

碎纹织布曾经是备后地区的重点产业。这条暖帘是用府中市唯一存留的织布制造商生产的备后碎纹织布制成的

看向西侧道路。周边是由市场、工厂、材料库等半室外建筑物构成的风景。半室外这一构造由多个木质屋顶形成

陈列柜、销售台等日常用具也精心设计，由府中家具生产商以精度较高的技术制作而成。从室外可隐约看出商品形状

区域图　比例尺 1:3000

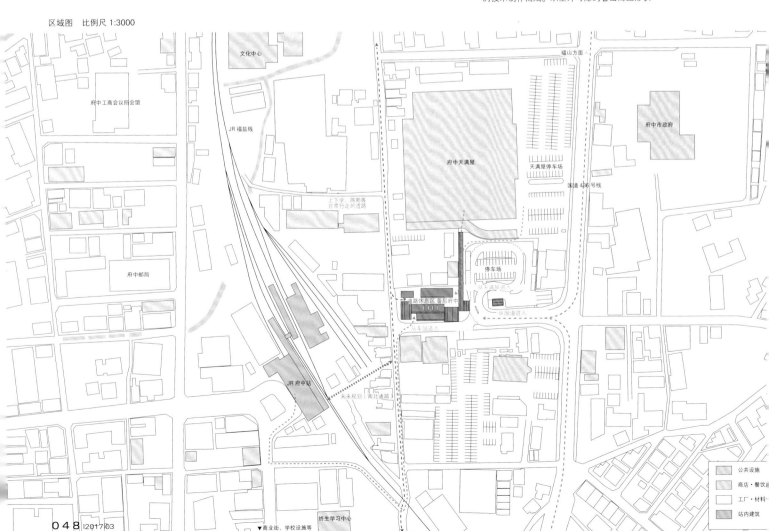

文化中心

府中工商会议所会馆

JR福盐线

府中邮局

府中天满屋

天满屋停车场

福山方面

府中市政府

国道486号线

停车场

道路休息区 备后府中

从天满屋进入

从国道进入

从车站进入

JR府中站

未来规划「南北通路」

上下学、购物等日常行走的道路

终生学习中心

▼商业街、学校设施等

公共设施

商店·餐饮店

工厂·材料

站内建筑

从中庭北侧广场望向产地直销市场。右侧内部是府中站到此地的入口。可穿过建筑物看到人群涌向道路对面的店铺。为了打造平房这一轻巧的结构体，柱和梁用钢架、小梁，屋顶采用木材。柱是70 mm×50 mm的纯钢架柱

面向中庭和道路的产地直销市场。为了减少柱子在室内的存在感，考虑柱子与金属窗框的尺寸，在柱子之间安装铝制窗框的拉门。敞开门窗后，前方道路、中庭、餐厅成为一体。通过2层屋顶排出室内热气，引入自然光。内部的陈列柜是当地重点产业——府中家具产商制作的。顶棚的小梁采用60 mm×120 mm的扁柏木

餐厅。建筑物整体的梁是由50 mm×50 mm的弦杆与22 mm×30 mm的斜纹材质构成的斜纹桁架。陈列着府中家具公司生产的桌子、椅子，也是展示厅，可观赏到精美的府中家具。地板采用总部设在府中市的NICHIMAN–RUBBERTECH公司生产的橡胶瓷砖制成

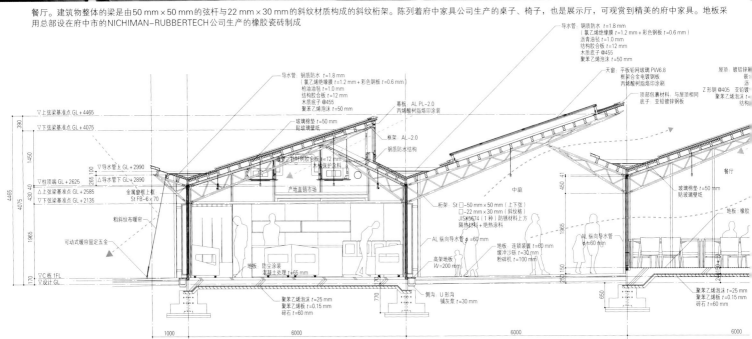

剖面详图　比例尺 1:100（蓝色线条代表风向，橘色线条代表阳光照射方向）

钢质框架与木梁的精度堪比家具

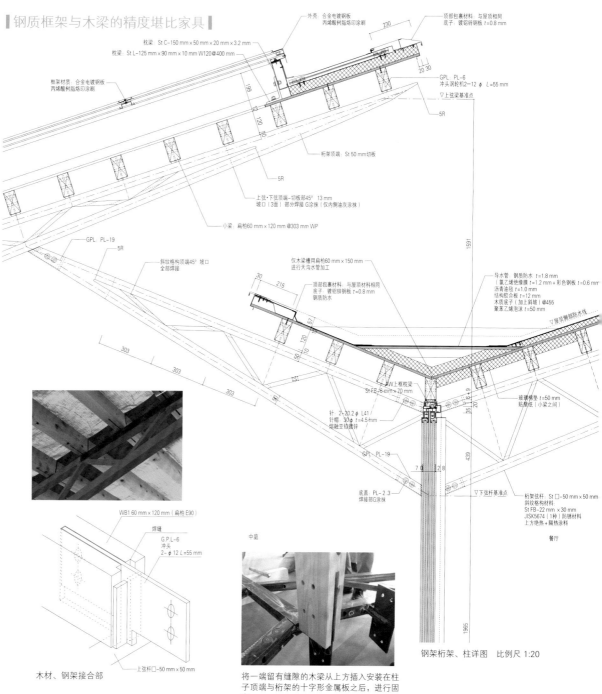

外壳：合金电镀钢板
丙烯酸树脂烧印涂刷

枕梁：St C-150 mm×50 mm×20 mm×3.2 mm
枕梁：St L-125 mm×90 mm×10 mm W120@400 mm

顶部包裹材料：与屋顶相同
底子：镀铝锌钢板 t=0.8 mm

230

框架材质：合金电镀钢板
丙烯酸树脂烧印涂刷

GPL·PL-6
冲头调轮机2-12 φ L=55 mm

20 30

▽上弦梁基准点

5R

桁架顶端：St 50 mm切板

5R

上弦·下弦顶端-切板面45° 13 mm
坡口（3面）部分焊接 G涂抹（仅内侧油友涂抹）

小梁：扁柏60 mm×120 mm @303 mm WP

GPL·PL-19

5R

斜纹格构顶端45° 坡口
全部焊接

仅木梁槽用扁柏60 mm×150 mm
进行天沟水管加工

顶部包裹材料：与屋顶材料相同
底子：镀铝锌钢板 t=0.8 mm
钢质防水

导水管：钢质防水 t=1.8 mm
氯乙烯绝缘膜 t=1.2 mm＋彩色钢板 t=0.6 mm
沥青油毡 t=1.0 mm
结构胶合板 t=12 mm
木质底子（加上斜坡）@455
聚苯乙烯泡沫 t=50 mm

▽屋顶侧排防水线

AW上框枕梁
St FB-6 mm×20 mm

玻璃横垫 t=50 mm
贴磨纸（小梁之间）

针：2-20.2 φ L41
针帽 30 φ t=4.5 mm
熔融亚铅镀锌

GPL·PL-19

底盖：PL-2.3
焊接部 G涂抹

桁架弦杆 St □-50 mm×50 mm
斜纹格构材料
St FB-22 mm×30 mm
JIS K5674（1种）防锈材料
上方绝热＋隔热涂料

餐厅

1591

▽下弦杆基准点

439

1965

钢架桁架、柱详图　比例尺 1:20

WB1.60 mm×120 mm（扁柏 E90）

焊缝

G.P.L-6
冲头
2-φ 12 L=55 mm

上弦杆□-50 mm×50 mm

木材、钢架接合部

中庭

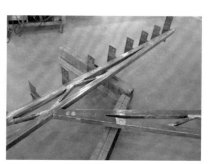

将一端留有缝隙的木梁从上方插入安装在柱子顶端与桁架的十字形金属板之后，进行固定

木质屋顶是用120 mm×60 mm的扁柏木梁以同等距离设置组成的，虽柔软，却可以将地震信息及时传达到抗震拉杆上。为了将支撑木梁的梁子层次与人类身体相协调，用50 mm×50 mm的纯木材组成斜纹桁架，通透性非常高，可看到外部环境，突出了木质屋顶轻巧的感觉。柱子采用正面宽度为50 mm的纯钢架材质，同时兼具玻璃金属框架枕梁，结构细致、精益求精，打破了门窗构件只能用结构材料的陈旧观念。

为了打造最小尺寸的剖面，调整跨度网格为6 m×3.6 m，细节上更是精益求精。因为是结构型建筑，尽可能使外部看不到接缝等部位。

（金天充弘　笹谷真通　櫻井克哉/Arup）

在钢架制造工厂进行框架的预组装。桁架顶端部分切断厚50 mm的钢板，将其与50 mm×50 mm的上下弦杆焊接，使表面平整而光滑

顶部包裹材料：与顶材料相同
底子：镀铝锌钢板 t=0.8 mm
幕板：AL PL-2.0
丙烯酸树脂烧印涂刷

框架：AL-2.0
竖向材质：与屋顶相同
底子：镀铝锌钢板 t=0.8 mm

屋顶：镀铝锌彩钢板 t=0.4 mm
嵌合式纵向铺设施盖
沥青油毡 t=1.0 mm
Z 形钢@405 亚铅镀锌钢板 t=1.2 mm
聚苯乙烯泡沫 t=50 mm（Z形钢）
结构胶合板 t=12 mm

5 mm×6.5 mm×9 mm
防锈材料

墙壁：不易燃塑料壁纸、
PB t=9.5 mm＋12.5 mm

St t=1.6 mm 回炉框架
三聚氰胺烧印涂刷

柜台面 AL 折叠门

顶棚：
硅酸钙板 t=8 mm
EP-G

墙壁：硅酸钙板 t=8 mm EP-G
墙壁：硅酸钙板
PB t=12.5 mm

500
1250
2050
2550
800

厨房

2550

171
130.5
305.5

地板：聚氯乙烯
t=2.5 mm

350 10

350
700

1800
800
3900
4800
1000

6600

将胶合板固定在木梁上，使屋顶结构稳定，钢架整体结实。不断调整柱子、桁架的精度直到屋顶框架形成

钢质框架距离等同，用木梁连接在一起。框架距离为每栋3600 mm以内

隔着南侧走廊看向外观。作为联络通道的走廊长65 m，连接旁边的府中天满屋。走廊也作公共汽车站使用

东北侧外观。左前方是自行车停车场。后面可看到招牌的建筑物就是府中天满屋

设计：建筑：Coelacanth K&H
　　　结构·设备：ARUP
　　　照明：TUKI LIGHTING OFFICE
施工：道下工务店
用地面积：1470.99 m²
建筑面积：822.30 m²
使用面积：772.82 m²
层数：地上1层
结构：钢架
工期：2015年12月～ 2016年8月
摄影：日本新建筑社摄影部（特别标注除外）

南侧夕阳景观。可看到连续的木质屋顶和斜纹桁架结构。中间独立的木质墙壁是用来分隔餐厅与信息室的。将120 mm×120 mm杉木随机堆积，用空心锚固螺栓将材料以一定间隔紧固在一起

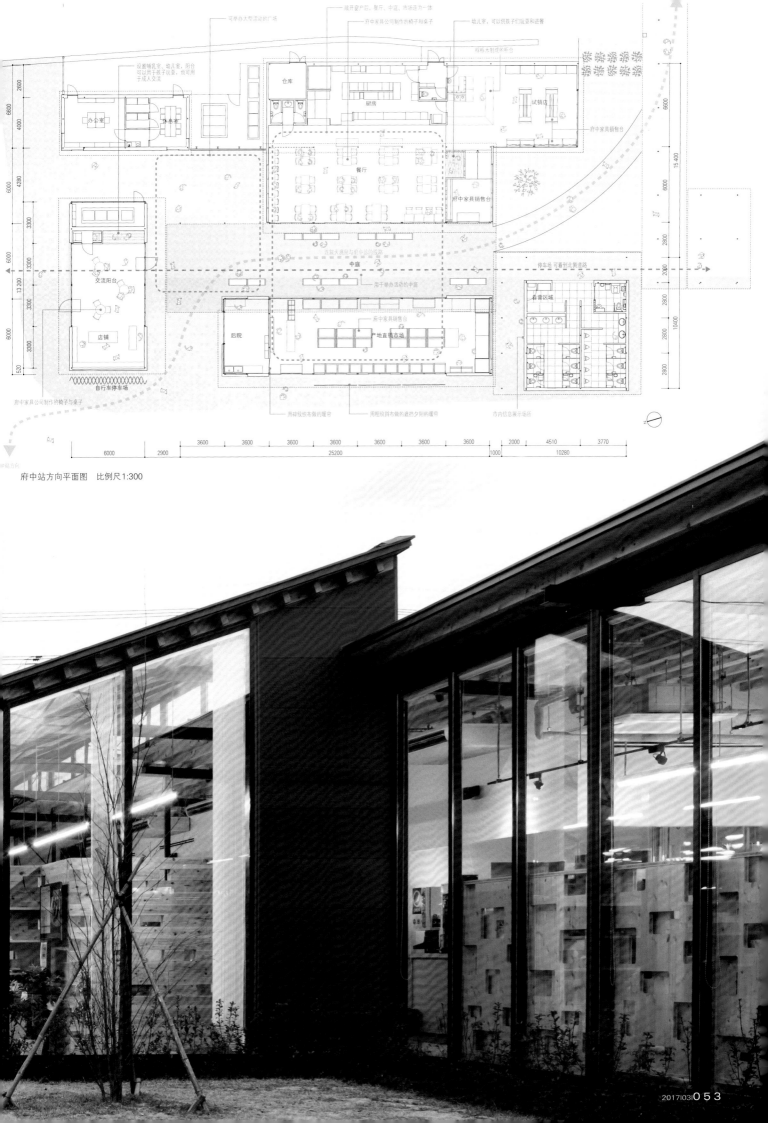

可举办大型活动的广场

敞开窗户后，餐厅、中庭、市场连为一体

府中家具公司制作的椅子和桌子

幼儿室，可以供孩子们玩耍和进餐

设置哺乳室、幼儿室，阳台可以用于孩子玩耍，也可用于成人交流

材料大型成果柜台

仓库

厨房

试销店

府中家具销售台

办公室

休息室

餐厅

府中家具销售台

交流阳台

中庭

用于举办活动的中庭

停车场 可看到北侧道路

君普区域

店铺

后院

产地直销市场

府中家具销售台

市内信息展示场所

自行车停车场

府中家具公司制作的椅子与桌子

用碎纹坦布做的暖帘

用粗纹斜布做的透稳夕阳的暖帘

府中站方向平面图　比例尺1:300

2600 6600 4000
6000 4280
3300 3300 13200 3300 3300
6000 520

6000 2900 3600 3600 3600 3600 3600 3600 3600 25200 1000 2000 4510 3770 10280

15400 6000 2800 2000 2800 2800 2800 10400

新丰洲Brillia运动场

设计 武松幸治+E.P.A环境变换装置建筑研究所
施工 太阳工业 中央建设
所在地 日本东京都江东
SHIN-TOYOSU BRILLIA RUNNING STADIUM
architects: ENVIRONMENTAL PROTECTION ARCHITECTURAL INSTITUTE

室内跑道。该运动场所在地归丰洲东京瓦斯土地开发株式会社所有，全长108 m，为隧道状结构，由层积材骨架和钢架构成。可使人们体验运动与艺术带来的快乐

普通层积材工厂即可加工的结构组合件

该建筑物设计的开始源自于一个运动＋艺术的概念，由东京瓦斯土地开发株式会社提出。在2014年的TOYOSU会议*上，以这一概念为中心，会议的核心成员为末大氏提出"建立一个全新的场地，让所有人都能在这里享受到运动和艺术带来的快乐"。

该设施为训练中心，主要供准备参加残奥会的运动员们使用，还有开发、调节运动员假肢的房间。同时也是残障人士与健全人共同完成行为艺术的团体"slow movement"的活动场地。

该设施建设业主为太阳工业，建设经费依靠支持发展残障人士运动的东京建物株式会社以及日本国土交通省的可持续主导事业（木结构）的补助金实现。为使训练不受天气影响，我们为运动场架设屋顶，并铺设长60 m的半室外跑道。长隧道状结构主要由432根长野县产的落叶松弓形层积材骨架搭建而成，全长108 m。

主要结构部分采用钢筋混凝土结构的悬臂梁，在钢架结构的承椽板上架设由层积材骨架和钢筋构成的屋顶，外侧用ETFE膜（乙烯—四氟乙烯共聚物）作为缓冲物，内部充气，不使用任何梁木，从而达到减轻重量的效果。

运动场全长达108 m，要在短时间内组建完成，需要组合式构件材料。因此针对龙骨部分，我们将木质龙骨弯曲成弓形，只在两个连接部分做出金刚石形状，计算出结构上所需的剖面面积，再反复在图纸上研究，考虑弯曲部分的叶理厚度、曲率、龙骨的平衡以及各种可制作的形状。

加工方式也并非使用层积材弯曲机，而是制作专用的夹具，仅靠普通的层积材压力机实现弯曲。我们认为今后这样的弯曲加工方式在普通的层积材工厂也可实现。

在设计中，我们着重减轻重量，去掉对主要结构的重量负担，打造一个轻质感的运动训练空间。我们希望在这里为2020年的东京踏出革新的第一步。

（武松幸治）

（翻译：张金凤）

＊针对新丰洲地区，东京瓦斯土地开发株式会社提出SPORT×ART的开发概念，TOYOSU会议围绕这一概念，召集各界年轻的有识之士就新丰洲的建设展开自由讨论。

设计：建筑：E.P.A环境变换装置建筑研究所
　　　结构：KAP　太阳工业
施工：太阳工业　中央建设
用地面积：4845.69 m²
建筑面积：1746.32 m²
使用面积：1713.77 m²
层数：地上1层
结构：钢筋混凝土结构　部分钢筋结构　木质结构（屋顶底）
工期：2016年6月～11月
摄影：日本新建筑社摄影部（特别标注除外）
（项目说明详见第146页）

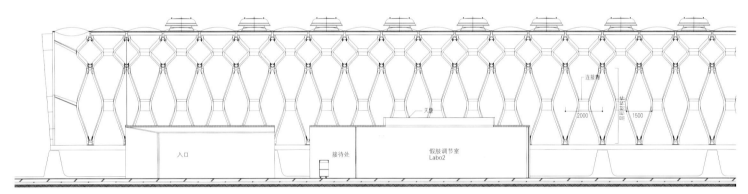

局部剖面图　比例尺 1:200

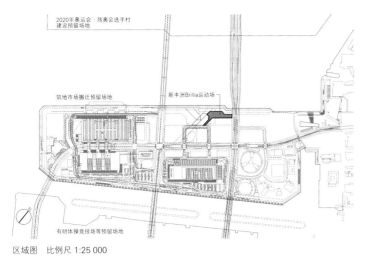

区域图 比例尺 1:25 000

西南侧入口外观。隧道状的底部跨距约16 m，顶部高8500 mm

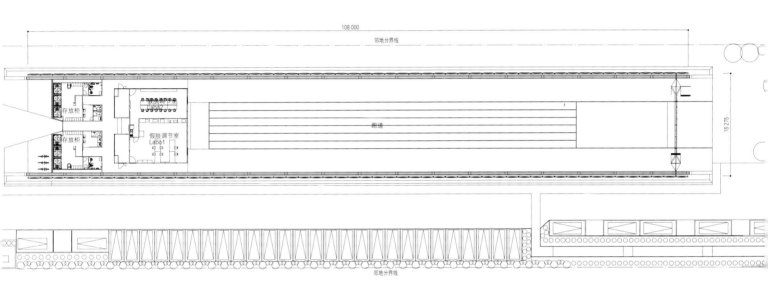

平面图 比例尺 1:600

北侧全景。周围有为2020年东京奥运会·残奥会准备的运动场、选手村等运动设施

弯曲后的层积材组合件架构。组合件宽1.5 m，两个弓形龙骨中间距离2 m。通过在500 mm的间距中
插入层积材加固支撑ETFE的弓形龙骨。可看到层积材组合件中央部分下方有送风管道

图片提供：EPAU环境研究所建筑研究所

左上：龙骨组合件于工厂制作完成/左下：搬运组合件，连接两端的金属连接物/右：顶部的金属连接物

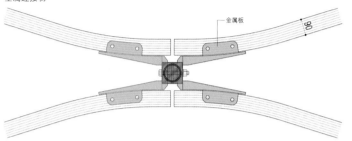

金属板

可拆卸、再建的龙骨组合件

为从水平、垂直两个方向加固支撑ETFE的弓形龙骨，在下方设置弓形层积材组合件架构。层积材组合件宽1.5 m、两个弓形龙骨中间距离2 m（由强度和制造方法共同决定），为了填补500 mm的间距，在其中插入被称作连接物的层积材。它具有一定的长度，通过与弓形部分的接触达到加强水平方向强度的效果。

为保证今后可以完好转移，进行拆卸、再建等作业，此次采用组合件组装、连接的方式。组合件（1个组合件包括两根弓形层积材和两端的金属连接物）于工厂制作完成，在现场连接两端的金属连接物。通过重复同样的作业，在不损坏木质连接部分的情况下，实现一个可拆卸、再建的结构。在现场，先在平地上将半圆单侧龙骨拼接完成，再在中央部位吊起再降下，一直重复该过程。

（荻生田秀之／KAP）

外侧采用ETFE膜作为缓冲物（双层膜），一边调整内压一边在膜内充气，弓形龙骨跨距长达2 m却未使用梁木等材料，达到减轻结构负荷的效果

▌膜结构实现轻量化及预制组装方式▌

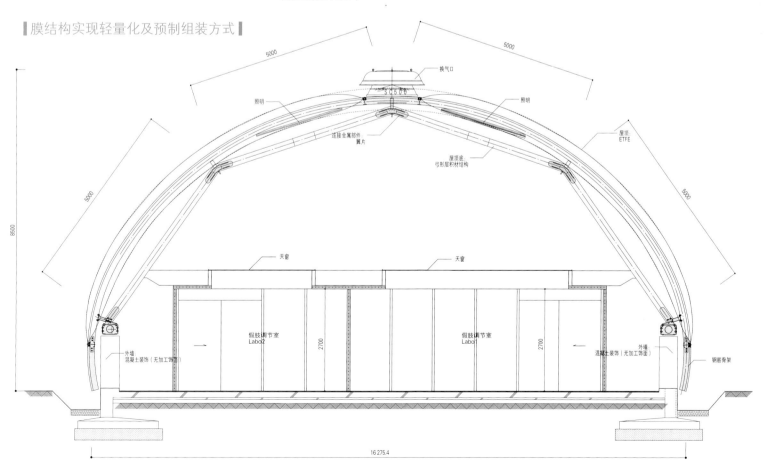

剖面详图　比例尺 1:100

绫濑基板工厂

设计 浜田晶则建筑设计事务所
施工 大同工业
所在地 日本神奈川县绫濑市
SUBSTRATE FACTORY AYASE
architects: AKI HAMADA ARCHITECTS

开放式木结构工厂

　　该建筑是位于厚木基地附近的基板工厂增建楼。原计划将1层部分用作车间，后改为用作展览室和该地区的多功能区域。这便要求该建筑具备多功能、灵活、开放的特点。另外，考虑工厂将来可能进行改建，因此增建时需确保建筑通用性强，空间具备一定的灵活性，以适应不同的使用需求。

　　该建筑由多个要素组成，包括可适应不同条件的模型化结构骨架、具备可变性及可控性的门窗等。这些要素各具特色为空间增添不少色彩。该建筑所处环境为一个工厂与民宅并存的半工业区域，工厂大多数为钢架结构，外墙被工业材料所掩盖。而该区域内的民宅出于保护隐私的目的，大多处于封闭状态。本次建筑用地的隔壁是一户民宅，日常生活中需要晾晒衣服、遛狗等。基于这一情况，我们与委托人共同思考如何在这样一个充满生活感的地方建立工厂。最终我们想出一个可协调二者的方案，即"开放的木结构工厂"。这样一个空间将会通过人的介入不断变化。我们期待这个建筑能够成为人们聚集的场所，最终被该区域所接受。

（浜田晶则）

（翻译：张金凤）

东北视角。基板工厂的增建楼所在区域内有厚木基地周边的民宅和工厂。开放式的木结构工厂与民宅相协调，工作日将作为食堂或展览室，休息日作为社区空间开放。可移动式门窗与护窗板独立于建筑结构，使得建筑空间具备较强的通用性

2层办公室。北侧室外楼梯通往2层。放置上的立体桁架起到划分空间的作用。
部分桁架上搭设布帛质天花板，可改变光线折射方向。

1层多功能空间。1层部分地板与室外标高相同。与2层相同的是1层搭建有立体桁架。下方空间结构包括可活动式移动式内墙及外墙内墙板，用途广泛。建筑物由长3600 mm的木质龙骨构成。

外观的定性探讨

根据三维数据建立模型后添加材料信息，通过更为准确的物理演算进行模拟，使空间可视化。根据门窗配置、素材、照明的不同，改变空间用法，针对多种样式进行探讨。

行为活动变化

材料给空间带来的质感

面向外部开／关

通过照明的反射光调整亮度

模型搭配

为同时探讨外观与工程学应用性，我们建立模型，编写程序，使用龙骨提高灵活程度，设置一个通用系统。

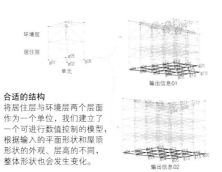

环境层

居住层

单元

输出信息01

输出信息02

合适的结构

将居住层与环境层两个层面作为一个单位，我们建立了一个可进行数值控制的模型，根据输入的平面形状和屋顶形状的外观、层高的不同，整体形状也会发生变化。

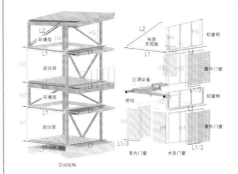

空间结构

合适的要素

各要素可针对空间结构的变化进行灵活调整。且由于这些要素可以并列设置，平行推进功能设计一事得以实现。

合适的模型

模型A
（2014.04）
由于业主要求最大限度使用用地面积，因此使用3×4的龙骨。1层作为车间放置机器等，1层与2层间由楼梯连接。环形屋顶中央为阳台。

模型B
（2014.09）
考虑降雨与积雪情况，采用单个大屋顶，4个方向分别倾斜，形成一个曲面屋顶。仅斜支柱部分采用钢筋。外部装饰采用铝窗框玻璃窗，室外门窗使用隔热材料并保留缝隙。

工程学应用性定量探讨

从模型化后的三维数据中抽取与环境·结构·施工相关的重要数据，每抽取一次便将其反馈至模型上，持续更新。

日射量
我们掌握到一年中该建筑各个面将获得多少日射量，这些均属于该用地的基本信息。并就屋顶斜度、遮蔽日射的方法进行探讨。

模型01　　模型02

照度分布
室外门窗与布质天花板在有或无的情况下，不同的组合将会使照度和温热环境产生差异。

无室外门窗　　有室外门窗
·无布质天花板　·有布质天花板

气流和温度分布
确认空调方式和吸入口、吹出口的位置，比较气流速度与温度分布情况。确认天花板对调节空调容积、气流的效果。

天花板吸入　　地板吹出

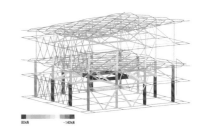

结构解析（长期轴力图）
立体桁架部分在支撑跨度约11 m×11 m的垂直负荷的同时，起斜支柱作用，抵抗来自水平方向的负荷。通过立体桁架，成功使负荷分散在两个方向，减小在部件上产生的轴力。

骨架与金属部件的管理
根据建立的模型，当骨架中的一部分发生变化时，金属部件的角度也会随之改变。该模型可以通过数值表示角度和尺寸，数值可以输出。根据该模型，我们顺利地与预切工艺厂家确认了骨架的情况。我们将复杂的形状展现为精密的三维视图，简明易懂地传达给预切工艺厂商，最终与预切工艺厂商所制作的3DCAD数据进行重叠比对。通过模型可以管理包括金属部件、尖冲钉在内的所有部件，还可以在电脑上模拟不同的建筑方式。

建筑的可能性

自"开放式木结构工厂"这一想法形成以后，如何在不影响舒适度与环境的情况下实现结构和施工成为我们最大的课题。于是根据情况将各种各样的待定要素编写成一个可以适当变化的程序，我们称之为"合适模型"。我们对各种变化做了外观和工程学应用性两方面的考虑，不过仍然有一些平行的可能形态存在。于是通过修改参数实现了自由转换。居住层是由不同的移动的要素组成的一个空间，存在诸多可能性。另一方面，环境层是人所触及不到的空间，因此为其

设想了一些可能性，根据工程学证据对其进行制约，在此之上从外观的角度重新审视环境层。在这个过程中，虽然我们没有进行模型学习，但是通过可自由处理信息的一个模型，使工程学应用性和外观考量得以同时实现。

在本次设计中，我们没有使用类似IBM那样提前设置有输入格式的软件，而是采用了通用的程序，这样保证了我们可以自由地选择输入格式，这也是十分重要的。虽然我们是一间小型设计事务所，但是也可以通过利用科技来实现高质量的外观，可以客观地比较无数个样式。此时，外观方面的

判断标准有更为重要的意义，最终会为人们留下一个难以用语言进行描述的建筑物。

（浜田晶则＋斋藤辽）

东侧晚景。梁上装有照明设备。为遮挡面向道路一侧的视线，和遮挡东侧横回的日射，设定室外广廊面向东侧朝阳的开口率约为30%，分别组合安装宽42 mm、80 mm、120 mm的纵向隔栅。东侧与北侧的隔栅朝向不同，可以遮挡视线，根据环境条件控制光照。

设计：浜田晶则建筑设计事务所
施工：大简工业
用地面积：278.25 m²
建筑面积：182.? m²
使用面积：290.88 m²
层数：地上2层
结构：木质结构
工期：2016年6月～2017年2月
摄影：日本新建筑社摄影部
（项目说明详见第147页）

1层外廊。通过护窗板与内部门窗的组合，可以构成多种方式

1层多功能空间。由3600 mm的龙骨隔开的空间

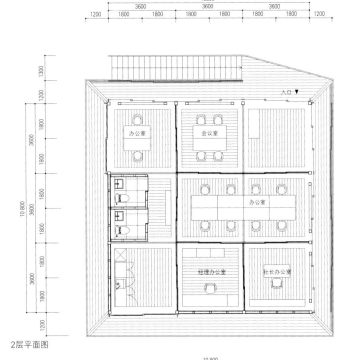

2层平面图

办公室　会议室

办公室

经理办公室　社长办公室

入口 ▼

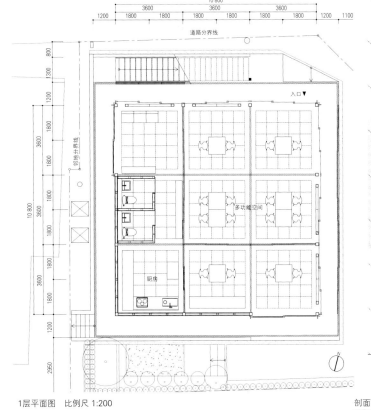

1层平面图　比例尺 1:200

道路分界线

用地分界线

入口 ▼

多功能空间

厨房

N

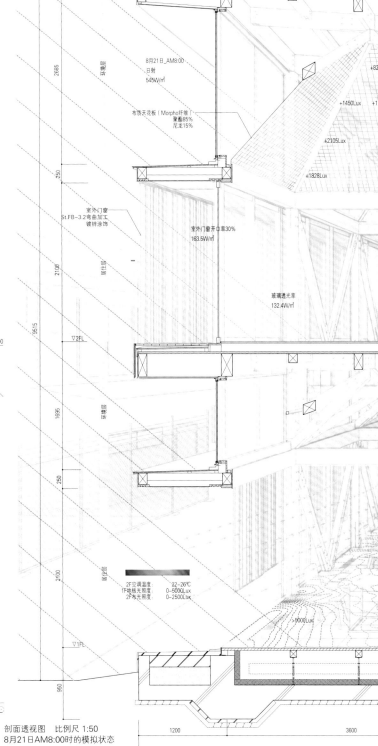

▽最高高度

8月21日_AM8:00
日射
545W/㎡

布质天花板（Morpho纤维）
聚酯85%
尼龙15%

室外门窗
St.FB-3.2弯曲加工
镀锌涂饰

室外门窗开口率30%
163.5W/㎡

玻璃透光率
132.4W/㎡

环境层

居住层

▽2FL

环境层

居住层

2F空调温度　22~26℃
1F地板光照度　0-5000Lux
2F布光照度　0-2500Lux

>5000Lux

▽1FL

剖面透视图　比例尺 1:50
8月21日AM8:00时的模拟状态

+824l

+1450Lux

+115

+2105Lux

+1828Lux

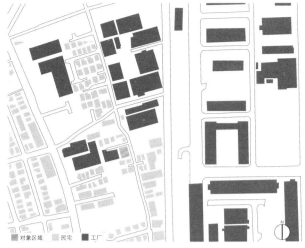

区域图　比例尺 1:2500

对象区域　民宅　工厂

北侧远景

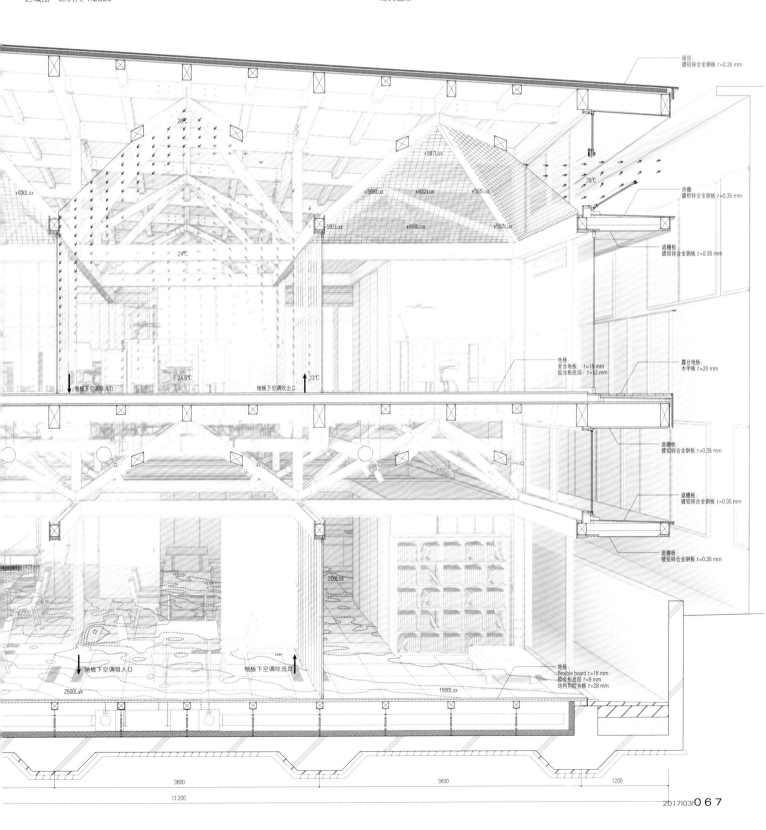

屋顶
镀铝锌合金钢板 t=0.35 mm

房檐
镀铝锌合金钢板 t=0.35 mm

遮檐板
镀铝锌合金钢板 t=0.35 mm

地板
复合地板：t=15 mm
胶合板底层：t=12 mm

露台地板
木甲板 t=20 mm

遮檐板
镀铝锌合金钢板 t=0.35 mm

遮檐板
镀铝锌合金钢板 t=0.35 mm

遮檐板
镀铝锌合金钢板 t=0.35 mm

地板
flexible board t=15 mm
胶合板底层：t=9 mm
结构用胶合板：t=28 mm

26℃

+630Lux

+567Lux

+568Lux　+832Lux　+565Lux

+592Lux

+808Lux　+582Lux

24℃

28℃

24.5℃

23℃

地板下空调吸入口

地板下空调吹出口

200Lux

地板下空调吸入口

地板下空调吹出口

2500Lux

1500Lux

3600

3600

1200

13 200

司化成工业筑波技术中心

设计　吉松秀树＋ARCHIPRO
施工　常盘建设
所在地　日本茨城县筑波未来市
TSUKASA CHEMICAL INDUSTRY TSUKUBA TECHNICAL CENTER
architects: HIDEKI YOSHIMATSU + ARCHIPRO ARCHITECTS

南侧外观。一家制造扎线带和捆绑材料的公司在建设新仓库的同时，计划建设办公楼。由于该区域常有大型卡车出入，为避免噪音、灰尘、地面湿气等带来的影响，用直径101.6 mm的细钢筋将木结构平房支撑在高出地面1.2 m的位置。建筑物下方空间用于设备收纳，大大提高办公室功能性

办公区域。右侧为作业区域，右侧深处为阳台。内部有由规格为1200 mm×2400 mm×12 mm的结构胶合板组成的 Reciprocal（相互交接）结构梁，分别由8张墙板柱支撑。外围仅有细细的竖框柱支撑，可分担垂直力和风压，保证了大面积开口和灵活自由的设计。根据梁所产生的应力不同，胶合板的梁高也发生改变，空间设计充满多样性

由办公室透过玻璃看向露台。左侧为研究室。办公区域四周被一个单间包围。办公区域与四周单间无高度差。办公区域的空调方式为地暖，冬季时将屋顶梁木上方堆积的热量通过管道输送到地板下的室内机中，进行循环

办公区域上方的细长开口部宽150 mm，共设置6处

上：办公区域。外墙上半部分为开口设计，光照可布及整个房间。
下：露台。内部的格子梁一直延伸至露台上方

东侧晚景。图为由角铝和南洋木材组合而成的外墙，以及市松图案（两种不同颜色相间的方格花纹）的开口部位

空气感建筑

最好是看不见建筑物。建筑虽然是有形不可抹去的存在，但是我想打造一个不被人注意的空间。有没有什么办法让人们能够辨出建筑物的外形但是却不会有意识地去注意它呢？我想，如果选用很轻薄的材料形成一个空间，那么是不是建筑物就会少一份重量感，多一份空气感呢？

一家生产制造扎线带和捆绑材料的公司计划在邻地建立新仓库，并建立一栋综合性的办公楼。开发计划中，办公楼为钢筋结构的2层建筑，公司委托我设计一个居住性强，郊外型的办公空间，于是我开始着手准备。首先，考虑大型货车常会出入该区域，综合周围的环境，我认为这个对角长18 m的木结构平房地板应高出地面1.2 m。地板上方四周为单间，中间为办公区域，地板下方可以收纳设备，空间安排合理。外墙高4 m，在距离地板2 m高的地方进行分割，形成市松图案的外墙。这一分割使在中央办公区域的人看到的只有蓝天白云，居住性强，与环境相和谐。

5块结构胶合板黏合拼接而成的结构梁组合件轻轻搭在高为3 m的墙板柱上。屋顶细细的光线如同树林间隙的阳光般洒下来，实现大自然般的空间感受。外部装饰通过将4种南洋木材和角铝相互组合而成。该建筑在外部装饰和顶棚上充满空气感的设计，既牢固又轻薄，有一种不可思议的轻量感。

（吉松秀树）

（翻译：张金凤）

区域图　比例尺 1:5000

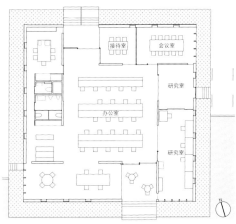

1层平面图　比例尺 1:400

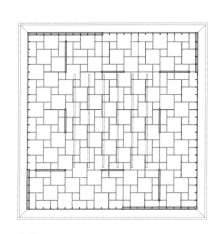

顶棚详图

屋顶梁和胶合板耐力墙的连接处

设计：吉松秀树 + ARCHIPRO
结构：山田宪明结构设计事务所
设备合作：YMO
照明：BONBORI光环境计划
施工：常盘建设
用地面积：7966.41 m²
建筑面积：353.44 m²
使用面积：328.96 m²
层数：地上1层
结构：木质结构
工期：2016年4月～11月
摄影：日本新建筑社摄影部（特别标注除
　　　外）
（项目说明详见第148页）

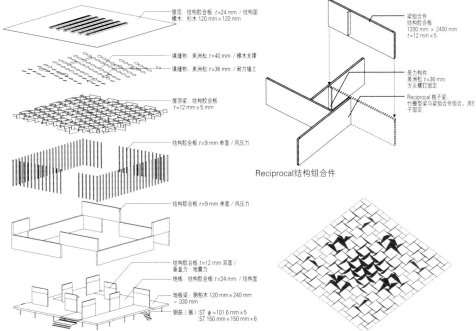

Reciprocal结构组合件

结构图　　　　　　　　　　　　　　　　　　　Reciprocal格子梁弯曲张力

通过相互交接的结构胶合板实现宽阔空间

　　我们计划仅利用胶合板在对角线长10.4 m的空间内实现空间最大化。结构胶合板形状特点是幅度较宽，力学特性是易弯曲不易断裂。根据这些特点，我们采用网格状的格子梁设计，将负荷平均分散在两个方向上。5张厚12 mm的胶合板黏合拼接在一起构成的梁组合件使用受力构件和钉子进行T字形连接，组装方式简便。另外，由于梁高可根据负荷应力的大小发生改变，因此同时实现了成本的降低和空间的

多样化。8张胶合板耐力墙布局呈风车状，同时分担垂直力与地震力。外围仅通过细细的竖框柱分担风压，实现了灵活自由的设计和巨大的开口面积。施工时胶合板梁的下沉程度也在我们预想的范围之内，结果证明了Reciprocal结构的合理性。

（山田宪明 + 杉本将基 / 山田宪明结构设计事务所 + 前田道雄 / ARCHIPRO）

空调图

西北视角。1层地板高度设定值为地上1.2 m

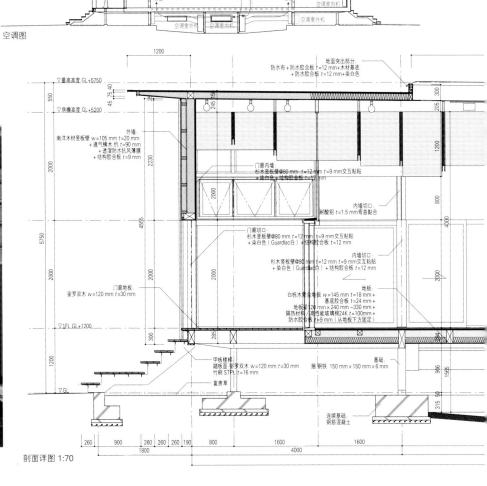

剖面详图 1:70

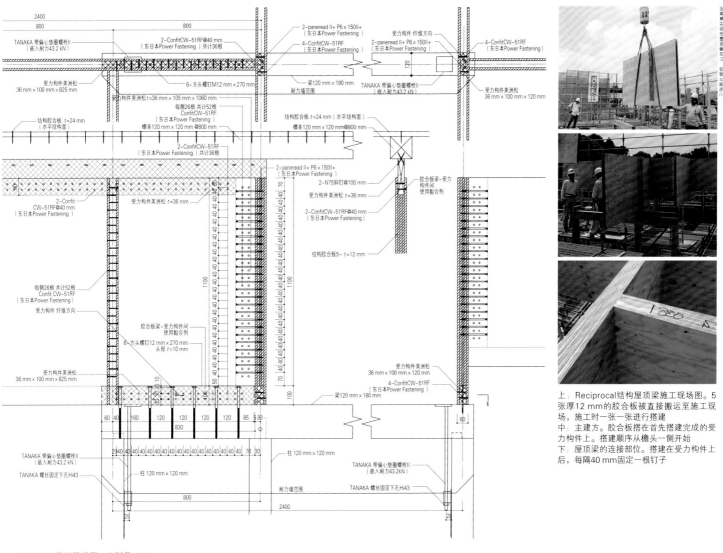

Reciprocal格子梁详图　比例尺1:20

2400
800 ┃ 800

TANAKA带偏心垫圈螺栓II
（嵌入耐力43.2 kN）

2-ConfitCW-51RF@40 mm
（东日本Power Fastening）共计36根

受力构件美洲松
36 mm × 100 mm × 825 mm

6-方头螺钉M12 × 270 mm

受力构件美洲松 t=36 mm × 105 mm × 1060 mm

每侧26根 共计52根
ConfitCW-51RF
（东日本Power Fastening）

结构胶合板 t=24 mm
（水平结构面）

檩条120 mm × 120 mm @800 mm

2-ConfitCW-51RF
（东日本Power Fastening）共计36根

2-Confit
CW-51RF@40 mm
（东日本Power Fastening）

受力构件美洲松 t=36 mm

每侧26根 共计52根
Confit CW-51RF
（东日本Power Fastening）

受力构件 纤维方向

胶合板梁-受力构件间
使用黏合剂

6-方头螺钉12 mm × 270 mm
头部 t=10 mm

受力构件美洲松
36 mm × 100 mm × 825 mm

TANAKA带偏心垫圈螺栓II
（嵌入耐力43.2 kN）

TANAKA 螺丝固定下孔Hi43

柱 120 mm × 120 mm

2-paneread II+ P6 × 150II+
（东日本Power Fastening）

4-ConfitCW-51RF
（东日本Power Fastening）

受力构件 纤维方向

2-paneread II+ P6 × 150II+
（东日本Power Fastening）

TANAKA带偏心垫圈螺栓II
（嵌入耐力43.2 kN）

梁120 mm × 180 mm

耐力墙范围

结构胶合板 t=24 mm（水平结构面）

檩条120 mm × 120 mm @800 mm

胶合板梁-受力
构件间
使用黏合剂

2-paneread II+ P6 × 150II+
（东日本Power Fastening）

2-N75斜钉@100

受力构件美洲松 t=36 mm

2-ConfitCW-51RF@40 mm
（东日本Power Fastening）

结构胶合板5- t=12 mm

受力构件美洲松
36 mm × 100 mm × 120 mm

4-ConfitCW-51RF
（东日本Power Fastening）

梁120 mm × 180 mm

4-ConfitCW-51RF
（东日本Power Fastening）

TANAKA带偏心垫圈螺栓II
（嵌入耐力43.2kN）

TANAKA 螺丝固定下孔Hi43

柱 120 mm × 120 mm

上：Reciprocal结构屋顶梁施工现场图。5张厚12 mm的胶合板被直接搬运至施工现场，施工时一张一张进行搭建
中：主建方。胶合板搭在首先搭建完成的受力构件上。搭建顺序从檐头一侧开始
下：屋顶梁的连接部位。搭建在受力构件上后，每隔40 mm固定一根钉子

┃8张墙板柱支撑Reciprocal结构屋顶梁，实现宽阔空间┃

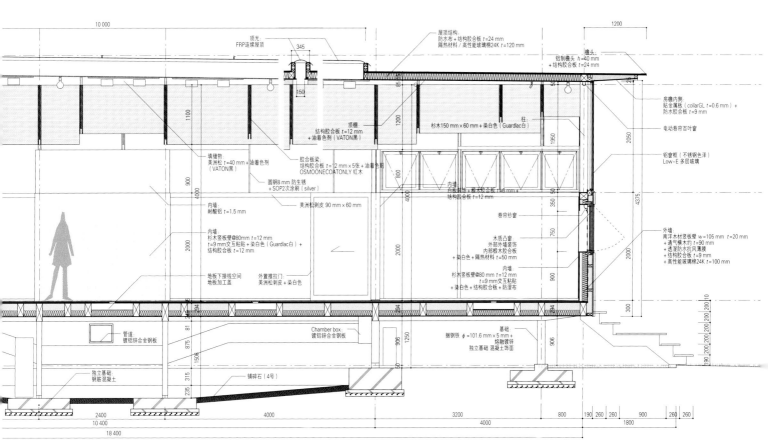

10 000

顶光：
FRP连续屋顶

屋顶结构：
防水布+结构胶合板 t=24 mm
隔热材料/高性能玻璃棉24K t=120 mm

檐头：
铝制檐头
+结构胶合板 t=24 mm

顶棚：
结构胶合板 t=12 mm
+油着色剂（VATON黑）

填墙物：
美洲松 t=40 mm +油着色剂
（VATON黑）

胶合板梁：
结构胶合板 t=12 mm × 5张 +油着色剂
OSMOONECOATONLY 红木

圆钢8 mm 防生锈
+SOP2次涂刷（silver）

美洲松剥皮 90 mm × 60 mm

内墙：
耐酸铝 t=1.5 mm

内墙：
杉木竖板壁@80mm t=12 mm
t=9 mm交互粘贴+染白色（Guardlac白）+
结构胶合板 t=12 mm

地板下接线空间
地板加工盖

外置推拉门：
美洲松剥皮 +染白色

管道：
镀铝锌合金钢板

独立基础：
钢筋混凝土

杉木150 mm × 60 mm +染白色（Guardlac白）

柱：

结构胶合板 t=12 mm

木质凸窗
外部外墙装饰
+内部杉木胶合板
+染白色+隔热材料 t=50 mm

杉木竖板壁@80 mm t=12 mm
+t=9 mm交互粘贴
+染白色+结构胶合板 +防潮布

Chamber box：
镀铝锌合金钢板

捆钢铁 φ =101.6 mm × 5 mm +
熔融镀锌

基础：
独立基础 混凝土面饰

铺碎石（4号）

房檐内侧：
贴金属质（collarGL t=0.6 mm）+
防水胶合板 t=9 mm

电动卷帘百叶窗

铝制窗框（不锈钢色泽）
Low-E 多层玻璃

卷帘纱窗

外墙：
南洋木材竖板材 w=105 mm t=20 mm
+通气横木约 t=90 mm
+透湿防水抗风薄膜
+结构胶合板 t=12 mm
+高性能玻璃棉24K t=100 mm

2400 ┃ 4000
10 400
18 400

3200 ┃ 800
4000

KUZUMI电子工业藤泽新厂房扩建工程

设计　安井雅裕建筑研究所
施工　加和太建设
所在地　日本神奈川县藤泽市
KUZUMI ELECTORONICS LAVORATORY
architects: YASUI MASAHIRO ARCHITECTS' LABORATORY

3层电梯前厅视角。本计划为KUZUMI电子工业总公司兼厂房的增建计划，用于开发制造控制装置等设备。原厂房横宽27 m，进深43 m，顶棚高12 m，为钢架结构，已使用16年之久。本次增建计划保留原建筑屋顶和外墙壁构造，在内部增建3层新厂房，使用面积可达到2700 m²

3层楼梯间。新厂房的最上层梁高2 m，2层、3层的楼面板分别采用直径36 mm和50 mm
的吊筋牵拉，1层为无柱大空间

新厂房外周部。新旧建筑是两个独立的结构，由外部的钢筋桁架和贯穿3层
的钢铁支架承担建筑本身的水平力和垂直力

南侧晚景。原厂房根据新厂房内部的机能做出相应调整，新设开口部

クズミ電子工業株式

KUZUMI Electronics,Inc.

改造旧厂房，开发新用法

这是一项计划在原厂房内部套入一个新厂房的内部增建计划。原厂房建龄16年，南北约43 m，东西约27 m，高约12 m，是一栋钢结构建筑。保留原外侧墙壁和屋顶，在内部增设一栋使用面积约达2700 m²的新厂房兼办公场所（下文统称"新厂房"）。设计以节约资源节省费用为出发点，但是考虑原厂房已经无法增加使用面积，因此将新厂房除地面之外的五个朝向面都设计成与原有厂房形成一定间隔的形式，使两栋建筑相依相存却又各自独立。支撑新厂房荷载的结构位于建筑外部，用以抵消建筑的水平方向力和垂直力。在新厂房顶层的大梁至2层、3层楼面板之间拉有吊筋，使1层成为无柱大空间。为了满足新厂房的采光要求，新旧两栋厂房分别设立开口部。两栋厂房之间的空间间隔对于新厂房来说有像热水瓶壁一样的隔热效果。所有的设计都是为了能够最大限度活用已有建筑，以达到节约资源的目的。经过1年的使用，新厂房的生产活动使用面积约达到以前的3倍，消耗电力维持在15%~20%的增长范围。

为了在原有建筑内部增添新建筑，在构造设计之初我们遇见很多难题，但都通过参考相关法律法规最终解决。首先，从施工程序来说，我们要拆除已有建筑的部分结构，新建筑必须要规避原建筑的桩基部分。再者，原建筑已经作为工厂投入使用多年，在构造上设有许多除基本结构之外的楼板和设备等，为了减少空间上的重叠，新建筑取消了地上梁的设计。为了尽量避免挖掘已有的桩基，将1层打造成了一个24 m×43 m的无柱空间。2层、3层的钢架地板由顶层牵引而下的高2 m的吊筋悬吊而成。新厂房顶层24 m的钢筋梁在现场组装完成。组建顺序由最上层的吊筋开始，由3层向2层依次而行。每层的钢架楼板在铸造时都考虑将来可能产生的最大荷载，特地留有30 mm的施工外倾角。最后，对原建筑进行构造增强（根据现行法规条例进行）。

（安井雅裕+伊藤润一郎/Arup）

（翻译：吕方玉）

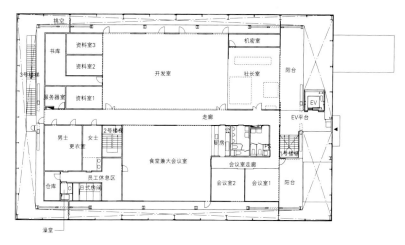

3层平面图

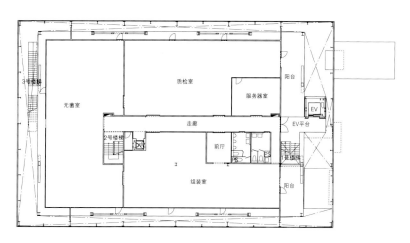

2层平面图

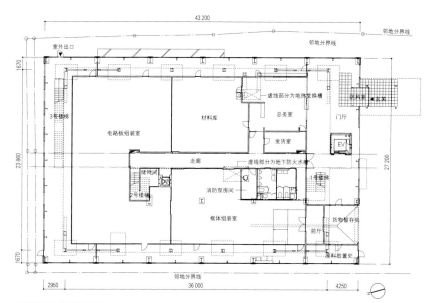

1层平面图　比例尺1:500

南侧全景

设计：安井雅裕建筑研究所
结构：Arup　tok-tec建筑设计事务所
设备：Arup
用地面积：1994.08 m²
建筑面积：1196.44 m²
使用面积：2999.72 m²
层数：地上3层
结构：钢架结构
工期：2015年7月~2016年1月
摄影：日本新建筑社摄影部（特别标注除外）
（项目说明详见第148页）

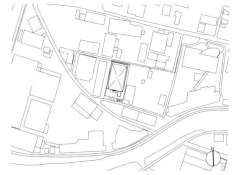

1层平面图　比例尺1:6000

3层会议室

3层走廊看向里侧开发室（左）和社长办公室（右）。走廊设有连接屋顶大梁和楼板的吊杆，直径为50 mm

3层开发室原厂房外墙新设开口，室内光线充足

1层电路板组装室。是一个顶棚高3690 mm的无柱空间

1.拆除原建筑内部办公室。建造新建筑需要在原建筑内部有限的空间范围内进行作业

2.新建筑基础工程情况。该建筑原来是工厂，在构造上有些特殊，新建筑选用独立基础

3.在进行钢架梁架设作业（见图5）之后，卸下原建筑屋顶中央的装饰材料，选用两台可进行精细作业的小型仪器架设钢架支柱，这样可以防止机械手臂捅破原建筑外墙

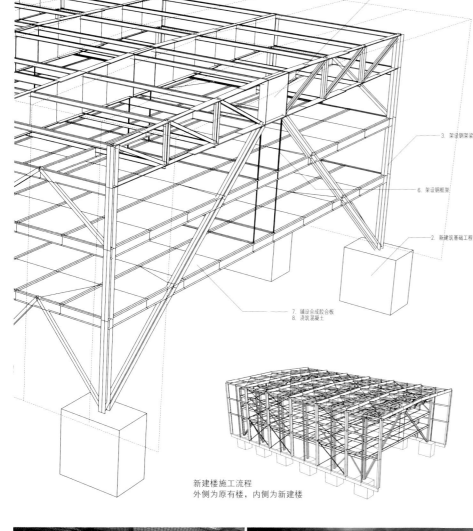

新建楼施工流程
外侧为原有楼，内侧为新建楼

1. 拆除原建筑内部
9. 原建筑屋顶复原

4. 现场组装钢架梁
5. 架设钢架梁

3. 架设钢架梁

6. 架设钢框架

2. 新建筑基础工程

7. 铺设合成胶合板
8. 浇筑混凝土

4.为了能够吊起2层、3层的楼板，现场组装屋顶钢架梁。新旧两栋建筑各自构造独立

5.从里侧开始架设长24 m、宽2 m的钢架梁

6.3层钢框架由屋顶梁开始依次架设，楼梯架从原建筑外部吊入

7.钢结构顶部铺设合成胶合板

8.在确定好形状的同时进行楼面板的混凝土浇筑工作。混凝土搅拌车从原建筑的大型卷帘门入口进入

9.起重机作业结束后，复原旧建筑屋顶。设备机器取下屋顶层的部分胶合板，由起重机从外部吊入

上：1层前厅。右手边可见地暖的空气流通口
中：外周部楼梯间。依法对已有柱梁进行修缮强化
下：3层外周部的设备配线空间

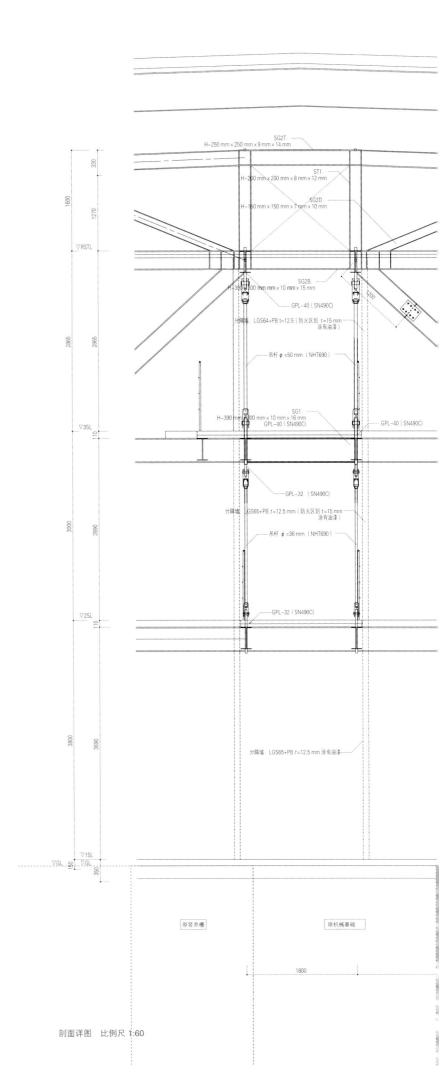

SG2T：
H-250 mm × 250 mm × 9 mm × 14 mm

ST1：
H-200 mm × 200 mm × 8 mm × 12 mm

SG2D：
H-150 mm × 150 mm × 7 mm × 10 mm

SG2B：
H-390 mm × 300 mm × 10 mm × 15 mm

GPL-40（SN490C）

分隔墙 LGS64+PB t=12.5（防火区划 t=15 mm
涂有油漆）

吊杆 φ=50 mm（NHT690）

SG1：
H-390 mm × 300 mm × 10 mm × 16 mm
GPL-40（SN490C）

GPL-40（SN490C）

GPL-32（SN490C）

分隔墙 LGS65+PB t=12.5（防火区划 t=15 mm
涂有油漆）

吊杆 φ=36 mm（NHT690）

GPL-32（SN490C）

分隔墙 LGS65+PB t=12.5 涂有油漆

▽RSTL
▽3SL
▽2SL
▽1SL
▽GL

330
1600
1270
2865
2865
3000
2890
110
110
3800
3690
150
350

原竖井槽

原机械基础

1800

剖面详图　比例尺 1:60

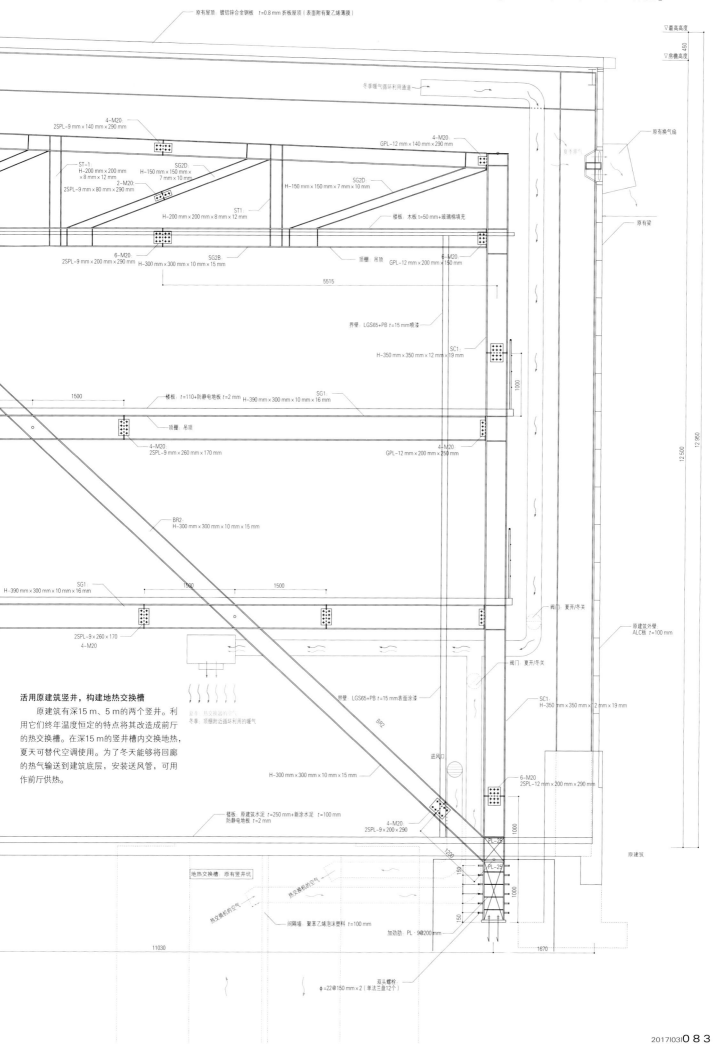

原有屋顶: 镀铝锌合金钢板 t=0.8 mm 折板屋顶 (表面附有聚乙烯薄膜)

▽最高高度
▽房檐高度
450

冬季暖气循环利用通道

原有换气扇

4-M20
2SPL-9 mm × 140 mm × 290 mm

4-M20
GPL-12 mm × 140 mm × 290 mm

冬季排气

ST-1
H-200 mm × 200 mm
× 8 mm × 12 mm

SG2D
H-150 mm × 150 mm ×
7 mm × 10 mm

SG2D
H-150 mm × 150 mm × 7 mm × 10 mm

原有梁

2-M20
2SPL-9 mm × 80 mm × 290 mm

ST1
H-200 mm × 200 mm × 8 mm × 12 mm

楼板: 木板 t=50 mm+玻璃棉填充

6-M20
2SPL-9 mm × 200 mm × 290 mm

SG2B
H-300 mm × 300 mm × 10 mm × 15 mm

顶棚: 吊顶

6-M20
GPL-12 mm × 200 mm × 150 mm

5515

界壁: LGS65+PB t=15 mm喷漆

SC1
H-350 mm × 350 mm × 12 mm × 19 mm

1000

1500

楼板: t=110+防静电地板 t=2 mm

SG1
H-390 mm × 300 mm × 10 mm × 16 mm

顶棚: 吊顶

4-M20
2SPL-9 mm × 260 mm × 170 mm

4-M20
GPL-12 mm × 200 mm × 250 mm

12 500
12 950

BR2
H-300 mm × 300 mm × 10 mm × 15 mm

阀门: 夏开/冬关

SG1
H-390 mm × 300 mm × 10 mm × 16 mm

1500   1500

阀门: 夏开/冬关

原建筑外壁
ALC板 t=100 mm

2SPL-9 mm × 260 × 170
4-M20

SC1
H-350 mm × 350 mm × 12 mm × 19 mm

活用原建筑竖井,构建地热交换槽
　　原建筑有深15 m、5 m的两个竖井。利用它们终年温度恒定的特点将其改造成前厅的热交换槽。在深15 m的竖井槽内交换地热,夏天可替代空调使用。为了冬天能够将回廊的热气输送到建筑底层,安装送风管,可用作前厅供热。

界壁: LGS65+PB t=15 mm表面涂漆

夏季: 热交换后的空气
冬季: 顶棚附近循环利用的暖气

进风口

BR2
H-300 mm × 300 mm × 10 mm × 15 mm

6-M20
2SPL-12 mm × 200 mm × 290 mm

PL-25

楼板: 原建筑水泥 t=250 mm+新涂水泥 t=100 mm
防静电地板 t=2 mm

4-M20
2SPL-9 × 200 × 290

1000

原建筑

PL-25

150

地热交换槽: 原有竖井坑

热交换机的空气

热交换机的空气

间隔墙: 聚苯乙烯泡沫塑料 t=100 mm

加劲肋: PL·9@200 mm

1000

11030

1670

双头螺栓
φ=22@150 mm × 2 (单法兰盘12个)

北海道厅主厅厅舍抗震修复工程

设计　竹中工务店/DOOKON

施工　竹中工务店·丸彦渡边建设·田中组

所在地　日本北海道札幌市中央区

HOKKAIDO-CHOSHA SEISMIC RETROFITTING

architects: TAKENAKA CORPORATION

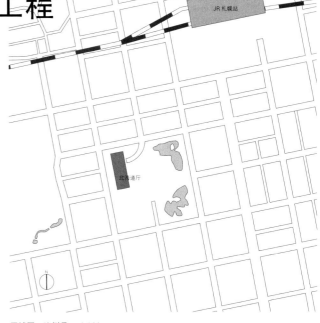

区域图　比例尺1:12 000

东侧正面外观。本次修复工程采用"堆载预压法"，加强地下机械室层的局部抗震功能。实行"联动施工计划"，按顺序更新设备机器，加强抗震功能

东南侧视角。修建地基，上部栽种植物，以求与周边环境相和谐

地下2层设备室。左侧柱体依据预加应力法衔接抗震装置

增强抗震结构，设备更新换代

北海道主厅厅舍竣工于1968年。为了保证其抗震性，进行本次修建。本次施工要求在维持厅舍正常运作的前提下进行。并且，为了保证办公室的面积，以设计、施工综合测评方式选定设计师和施工人员。地下2层柱顶采用中间层抗震设计，没有采用以"增强地上层抗震"为主的基础抗震方式。因此，大幅度减少塌方防护墙、挖掘、排水及主体工程建设相关费用。另外，由于要对机械室层进行抗震化整修，顺便也对机器设备进行维护更新。由于双线并行，同时进行设备更新和抗震工程，因而采用由本公司自行研发的抗震技术"抗震预应力施工方式"，它可以控制地震时建筑的下沉幅度。每根立柱都需要进行抗震化整修，同时要更新设备及实施抗震化工程。经过抗震改建的地下2层由于机器设备的精简产生一定空余空间，将其布置成地下1层办公室，开启部分采光井，开辟一个能够照入自然光的新空间。施工时，要求列出详细的阶段性计划，计划能够反映设备、仓库及办公机能的运转和抗震工程范围，把复杂的建筑工程以直观的形式呈现给业主。另外在事前调查、设计、施工的各个阶段，活用3D扫描仪和3D可移动模型，排查干扰、检验抗震装置交换路径等，将施工图3D化。积极应用高科技，节省人力，拒绝返工。

（本井和彦／竹中工务店）

（翻译：吕方玉）

设计：竹中工务店/DOOKON
施工：竹中工务店·丸彦渡边建设·田中组
用地面积：12 476.02m²
建筑面积：10 628m²
使用面积：57 792m²
层数：地下2层 地上12层 阁楼3层
结构：钢架钢筋混凝土结构
工期：2014年2月~2016年1月
摄影：日本新建筑社摄影部（特别标注除外）
*图片提供：竹中工务店
（项目说明详见第149页）

采取部分抗震施工方式，实现局部整改

改建前的热源机械室

基础设计阶段，通过3D扫描数据确定小梁位置及地板高度

抗震预加应力法，切断已有立柱

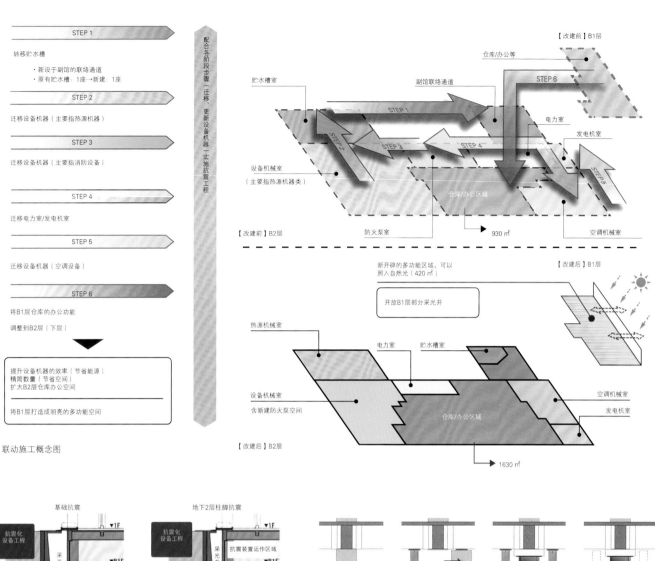

STEP 1
转移贮水槽

- 新设于副馆的联络通道
- 原有贮水槽：1座→新建：1座

STEP 2
迁移设备机器（主要指热源机器）

STEP 3
迁移设备机器（主要指消防设备）

STEP 4
迁移电力室/发电机室

STEP 5
迁移设备机器（空调设备）

STEP 6
将B1层仓库的办公功能

调整到B2层（下层）

▼

提升设备机器的效率（节省能源）
精简数量（节省空间）
扩大B2层仓库办公空间

将B1层打造成明亮的多功能空间

联动施工概念图

配合各阶段步骤（迁移、更新设备机器）实施抗震工程

【改建前】B1层
仓库/办公等
STEP 6
贮水槽室
副馆联络通道
电力室
发电机室
STEP 1
STEP 2
STEP 3
STEP 4
STEP 5
设备机械室
（主要指热源机器类）
仓库/办公区域
【改建前】B2层
防火泵室
930 ㎡
空调机械室

新开辟的多功能区域，可以照入自然光（420 ㎡）
开放B1层部分采光井
【改建后】B1层

热源机械室
电力室
贮水槽室
【改建后】B2层
设备机械室
含新建防火泵空间
空调机械室
仓库/办公区域
发电机室
【改建后】B2层
1630 ㎡

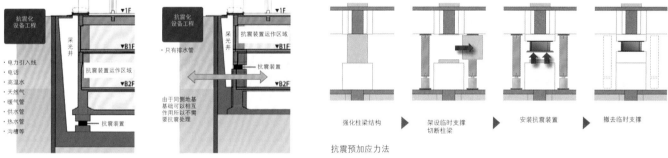

由于基础抗震工程必须深度挖掘地下层采光井，单看地下2层柱头部分，可适当减少挖掘工程

抗震预加应力法

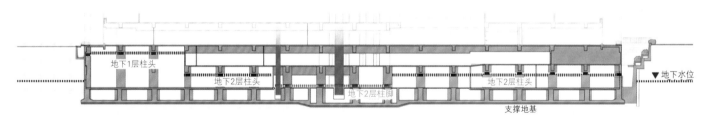

抗震装置剖面。将采光井控制到最小，考虑原有建筑之间的架构设计而成

抗震预加应力施工法，设置抗震装置

抗震预加应力施工法，水泥浇筑成品

地下2层机械室。管道干净整洁

新开辟的地下1层空间（下图红色部分）。空间总面积达420 m²，与采光井相连，作为多功能室使用

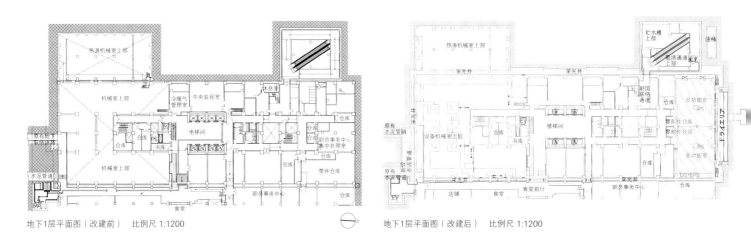

地下1层平面图（改建前）　　比例尺 1:1200

地下1层平面图（改建后）　　比例尺 1:1200

设计详图，在施工阶段灵活使用3D技术

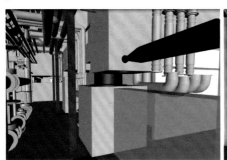

利用3D可移动模型排除干扰。
建筑有移位时没有干扰

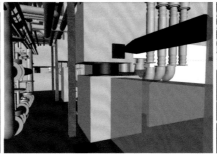

建筑左移位时，干扰部分用红色表示

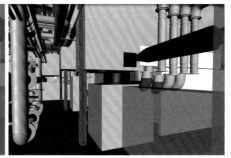

最大变位时用红色表示干扰部分

新建采光井，引入自然光

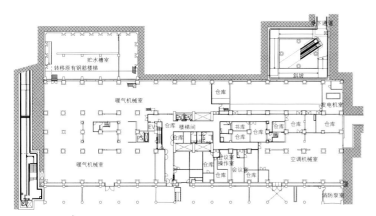

地下2层平面图（改建前）　比例尺 1:1200

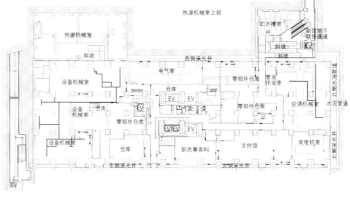

地下2层平面图（改建后）　比例尺 1:1200

3D化设备施工图

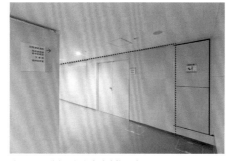

地下2层机械室。红色虚线为抗震线。
边角设有伸缩缝（使构筑物相互不紧密连接的接合方法，
用于使构筑物对由热膨胀或收缩、地震等引起的振动不
产生应力）

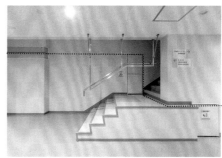

该楼梯连接地下2层和1层。红色虚线为抗震线

山梨文化会馆抗震改建计划（抗震翻新）

设计　丹下都市建筑设计
施工　三井住友建设
所在地　日本山梨县甲府市
YAMANASHI CULTURE HALL SEISMIC ISOLATION RETROFIT
architects: TANGE ASSOCIATES

东侧一览山梨文化会馆，图为远景。该会馆背临南阿尔卑斯群山，主要由16根钢筋混凝土构成。1974年曾进行过扩建，主要是在立柱上架设地板等。这次抗震改建计划主要是切断承重柱基座部分并安装抗震装置

俯视主立柱内部视角，也作楼梯室使用。内部除楼梯间以外还有升降式电梯、洗手间、其他用水场所及管道等

一次改建，用上50年

山梨文化会馆抗震工程已经完工，于2017年2月举行纪念仪式。时至今日，这个饱含设计者构思、传承时代的作品即将开始它下一个50年的征程。在此，谨代表我，向父亲丹下健三及协助父亲工作的诸位前辈们表示诚挚的敬意。

父亲接受山梨文化会馆的委托是在1960年。这个设计诞生于以"建筑与城市"为主题的系列设计活动当中。会馆于1966年完工，在这之前的50年时间里，经过几次扩建和翻修，最终形成了今日的姿态。

这所会馆远近闻名，来来往往的客人络绎不绝。终于，在50年一次的抗震诊断中，发现需要进行翻修了。秉持对会馆所有者山日YBS组合及对父亲诚挚的敬意，决定进行此次抗震翻新计划。建筑物由16根方便进行扩建的核心立柱组成，计划在这些立柱的最底层安装抗震层。抗震工程是一项劳心费神的精细工作，多亏了我们优秀的工作人员，工程才能得以顺利完工。虽然知道技术方面不成问题，但是看着直径5 m的立柱被依次切断，仅靠油压起重机支撑重量，真是不可思议。

由于本次项目是丹下第一个抗震翻新项目，对我个人也是极大挑战，因此只要时间允许就会亲自前往现场勘察。下一个50年，"山梨文化会馆"又会演变成何种姿态？我很期待。从设计之初到现在已经过了100年，必须要将建筑的精神无限传承下去。

今年，被列为重要文化财产的"纪念广岛和平资料馆"及"香川县厅舍东馆"都将开始抗震化工程。在今后的项目中，会在改建旧建筑时最大限度保留原造型及初始设计意图，并在此基础上不断完善，不断创新。

（丹下宪孝）

（翻译：吕方玉）

区域图　比例尺 1:7000

右页，左上：空中庭园。正面是1974年增建的楼层，在本次改建中作为建资存放处使用/右上：主大厅，于1974年增建时迁移至此/左中：主大厅等候处。2层外租/右中：电梯前厅/左下：地下大厅/右下：2层承租方

三张图片：口字形基础的抗震设施。临时支柱（上），安装多层橡胶支承和起重机（中），起重机向抗震装置转移轴力（下）

主立柱剖面。用颜色区分钢架（蓝线）钢筋（红线）。尝试切断，确认原有钢筋分布，抽出钢筋，接上抗震基础

关于建筑构造

　　山梨文化会馆的16根圆柱一侧与坚实的基础部相接，成为可以抵抗地震的特殊构造，在遭遇地震时柱脚处会产生巨大张力。

　　抗震＝将建筑物与地球分离，多层橡胶抗震装置对引力的抵抗性很小。因此，同时用上可以对抗引力的直动滚筒支承，决定最合适的配置与基数。

　　抗震装置合用"锡插头插入式支承（SnRB）""天然橡胶系多层橡胶支承（NRB）""直动滚筒支承（CLB）"三种支承，使用锡插头达到降震性能（将地震能源转换成热能，以达到降低晃动感的效果）。

（宫崎润/织本结构设计）

口字形基础的抗震设施

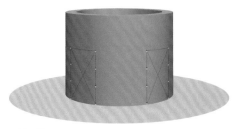

1. 开口部
2. 为穿钢丝而开孔

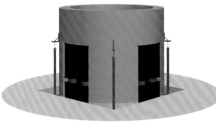

3. 切断开口
4. 用临时支撑柱支撑

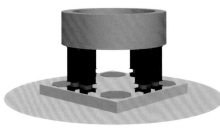

5.安装抗震钢板
6.下部基础构造

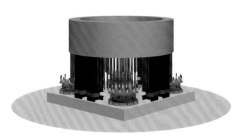

7. 挑出接缝筋并加以连接
8. 使用起重机，安装多层橡胶支承

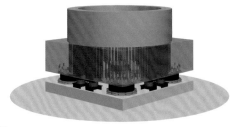

9.上部基础构造
10.起重机轴力转移

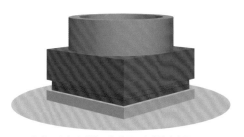

11.16根柱子全部完成抗震化处理，安装防火表层

除口字形抗震基础外还有采用直动运转滚筒支承（CLB）的X形基础。照片为X形基础的立柱内部

口字形基础外观。切断地下2层的16根圆柱形主立柱，8根使用直动滚筒支承（CLB），配置X形基础，其余8根使用锡插头插入式支承（SnRB）与天然橡胶系多层橡胶支承（NRB）组合而成的口字形基础，进行抗震化处理

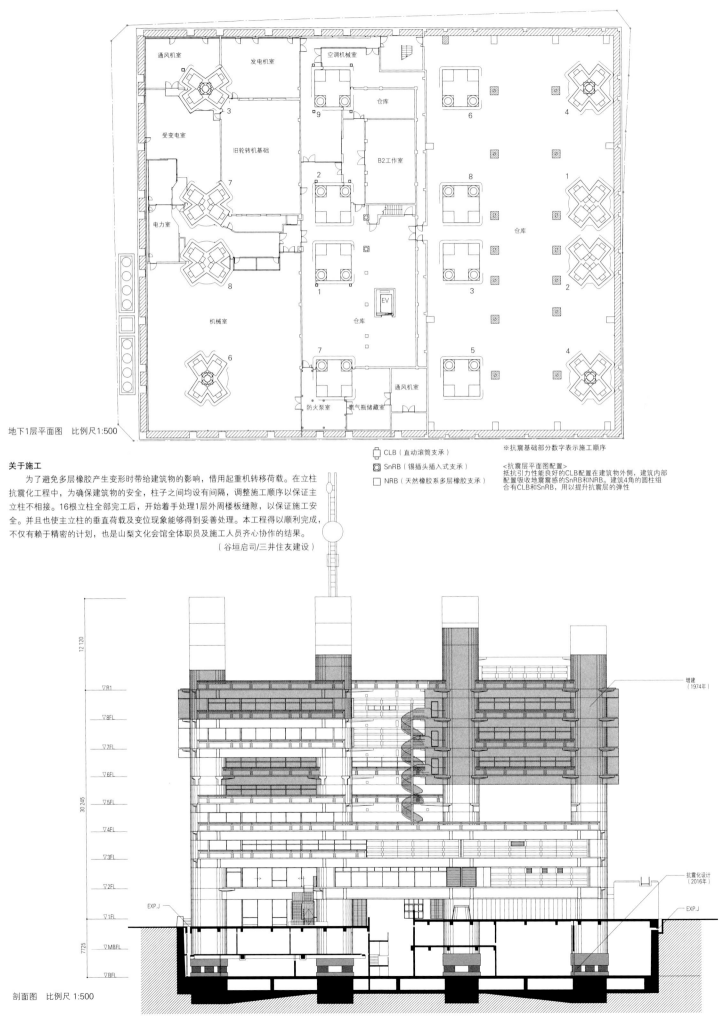

地下1层平面图　比例尺1:500

□ CLB（自动滚筒支承）
◎ SnRB（锡插头插入式支承）
□ NRB（天然橡胶系多层橡胶支承）

※抗震基础部分数字表示施工顺序

<抗震层平面图配置>
抵抗引力性能良好的CLB配置在建筑物外侧，建筑内部配置吸收地震震感的SnRB和NRB。建筑4角的圆柱组合有CLB和SnRB，用以提升抗震层的弹性

关于施工

为了避免多层橡胶产生变形时带给建筑物的影响，借用起重机转移荷载。在立柱抗震化工程中，为确保建筑物的安全，柱子之间均设有间隔，调整施工顺序以保证主立柱不相接。16根立柱全部完工后，开始着手处理1层外周楼板缝隙，以保证施工安全。并且也使主立柱的垂直荷载及变位现象能够得到妥善处理。本工程得以顺利完成，不仅有赖于精密的计划，也是山梨文化会馆全体职员及施工人员齐心协作的结果。

（谷垣启司/三井住友建设）

剖面图　比例尺 1:500

三张图片：1966年竣工时的样子。空中庭园（左上）入口（左下），东侧远景（右）。

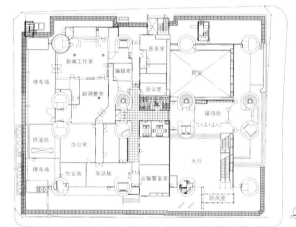

设计：建筑：丹下都市建筑设计（竣工时：丹下健三·都市·建筑设计研究所）
　　　结构：织本结构设计（竣工时：横山建筑结构设计事务所）
　　　设备：建筑设备设计研究所（竣工时：建筑设备综合设计研究所）
施工：三井住友建设（竣工时：住友建设）
用地面积：3858 m² （已有）
建筑面积：3091 m² （已有）
使用面积：21 883 m² （已有）
层数：地下8层　地上2层　阁楼3层
结构：钢筋混凝土结构　部分钢架钢筋混凝土结构
工期：2015年6月~2016年12月
摄影：日本新建筑社摄影部（特别标注除外）
（项目说明详见第150页）

1层平面图　比例尺 1:1000

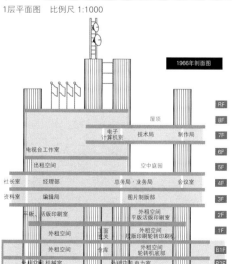

1966年竣工时剖面及功能分布图

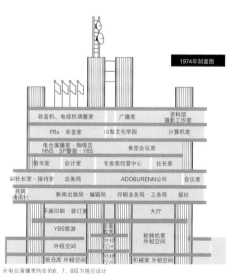

※电台演播室所在的6、7、8层为挑空设计

1974年增建时剖面及功能分布图

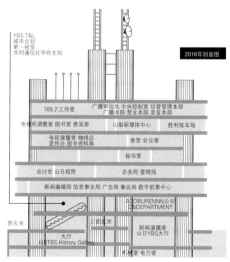

2016年剖面及功能分布图

HOTEL NEW GRAND主楼 抗震改建工程

设计施工　清水建设
所在地　日本神奈川县横滨市中区
HOTEL NEW GRAND SEISMIC REHABILITATION OF MAIN BUILDING
architects: SHIMIZU CORPORATION

从山下公园看向东北侧。此工程是横滨HOTEL NEW GRAND（设计：渡边仁）的改建项目。HOTEL NEW GRAND建于1927年（昭和2年），主要用于接待外国客人。此次改建工程尽可能保留原貌。主楼上的招牌是迎接1964年东京奥运会时安装的，1973年发生石油危机，为了节能取出灯管，2014年进行改建时（1期）又重新恢复了霓虹灯招牌

3层客房

客房地板上有开口处,用于监测
2层顶棚加固工程。开口处周围
用碳化纤维加固

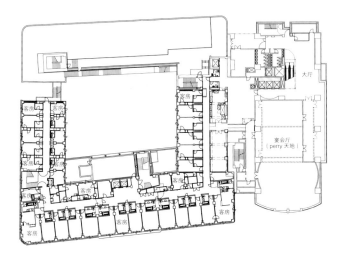

3层平面图

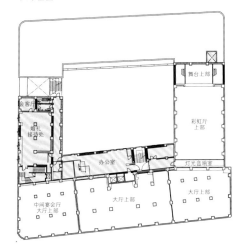

3层平面图 中间部分

2层宴会大厅(基础顶棚加固)

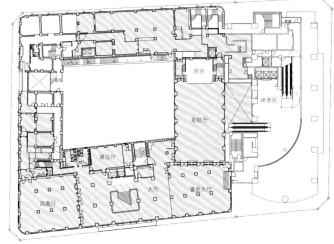

2层平面图

2层凤凰厅。加固顶棚,将顶棚镶板按原貌进行重新安装。吊灯也进行重新维修

1层酒吧墙壁内侧改用抗震材料。走廊保持原貌

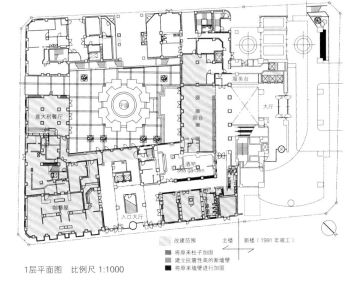

1层平面图 比例尺 1:1000

改建范围　　　主楼　　新楼(1991年竣工)
将原来柱子加固
建立抗震性高的新墙壁
将原来墙壁进行加固

2层大厅视角。改建大厅、顶棚，翻新部分浮雕

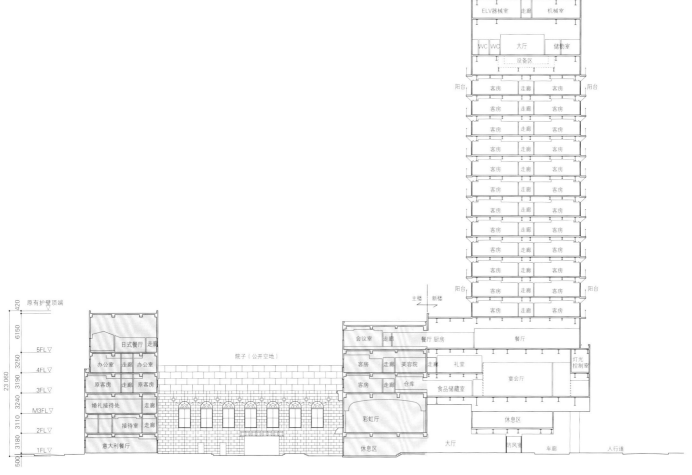

比例尺 1:600

彩虹厅。为防止掉灰对顶栅进行全面装修。利用激光扫描器进行三维空间测量，建立坐标，完成设计图纸，确定施工顺序。并不是全部改用其他材料，而是在原有基础上进行加固改造。努力在维持原貌的同时进行改建，提高抗震性

现代建筑中抹灰顶棚等结构越来越少，本工程旨在保留这些建筑经典底蕴的同时提高其安全性。提高顶棚以及建筑整体抗震性能。2层宴会厅以及大厅的顶棚并不完全符合国土交通省规定的"特定顶棚"的标准，为了顾客以及酒店工作人员的安全进行全面抗震改建。改建不是完全拆掉原来的顶棚，而是在保留原建筑材料以及建筑方式的同时提高抗震性。为此，专门研究出了新的改建方式。在研究改建技术的过程中，不断进行调查分析、技术商讨、实验总结、施工尝试等，同时向建筑专家与行政部门请教历史建筑的保护知识，在获得充分的技术保证之后开始正式施工。

在提高建筑物抗震性的施工过程中，积极响应"保留、继承历史经典"的方针，慎重确定加固位置。此次改建工程获得了抗震改建促进法规定的横滨市抗震改建计划的认定许可（2016年12月）。所有工程完工之后，得到了横滨市抗震改建完工证以及建筑合格（防震标志）认定（2017年2月），确保了酒店的安全，客人可以放心入住。

（松原正芳/清水建设）

┃利用3D与BIM（建筑信息模型）技术对顶棚进行监测┃

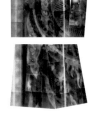

完全没有抹灰顶棚的相关资料，因此通过三维测量法、X线透视与钻芯取样等方式来获取数值，了解基本情况

对于顶棚无法手工测量的部分，利用技术研究所研发的远程操控技术，即通过操作搭载3D扫描仪的机器人完成测量

┃加固处与建筑本身的一体化方案研讨┃

在顶棚加固处贴上带眼薄板，使外观保持整体一致

重新翻修的浮雕在经过加固、补修之后，仍采用之前的黏结石膏，运用"蜻蜓"（测量工具）进行测量，尽量恢复原貌。虽然这次改建都是采用最先进的材料，但是施工方式与设计仍保留原来的特色

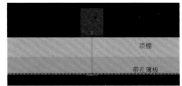

通过两边的金属块固定，实现顶棚与四周墙壁的一体化。通过带眼薄板与螺丝将整个顶棚进行固定，用钢索来阻挡不明下落物（专利申请中）。利用BIM可以事先确定好加固的具体位置

┃震动试验┃ ┃充分利用原有材料，进行拆解、施工┃

拿出顶棚的一部分，模拟大地震的震动进行试验，保障翻新顶棚的抗震效果

重新加固的石膏浮雕。将浮雕轻轻取下，从内侧进行加固、补修，之后再重新装上去

顶棚内两侧的固定金属，加固钢索与角形构件

加固后的浮雕复原。通过激光测量绘制好原来的位置，将浮雕安装到原处

利用先进技术与施工方法保留建筑原本的魅力

关东大地震之后，昭和2年（1927年）在日本国际港口城市横滨，HOTEL NEW GRAND诞生了。它由渡边仁和横滨市建筑科设计，由清水组施工，主要面向来横滨的外国客人。此次项目就是HOTEL NEW GRAND的改建工程。HOTEL NEW GRAND作为横滨的国际型酒店，深受市民的喜爱，已被认定为"横滨市历史建筑"与"经济产业省近代化产业遗产"。2016年，在世界历史型酒店都参与的"Historic hotels world wide"的评选中，HOTEL NEW GRAND获得了best Historic hotel奖（亚洲/太平洋地区）。此次工程继承了建筑原本的创意、美学特色，保留了建筑的历史价值，同时，兼顾未来50年、100年的发展趋势进行了一系列的设计施工。

为应对地震，酒店管理者提出"保障员工与酒店来客的安全是酒店长盛不衰的根本"的重要课题，在不改变酒店内部、外观与材料的同时，提高酒店的抗震性以及功能性。当时竣工时的图纸已经丢失，我们用了4年时间进行测量与调查，做成新的图纸，根据图纸制作抗震设计，在不改变外观的基础上加固建筑。在获得抗震改建促进法许可后全面进行改建。酒店2层宴会厅与大厅的抹灰顶棚、石膏浮雕装饰顶棚都是吊顶，在地震发生时有掉落的危险。在整体改建完成之后，在保持原本传统空间美感的同时，为了提高安全性，充分利用原材料进行加固处理，提高抗震性能（专利申请中）。在施工之前，先进行震动实验，保证高抗震性的同时保留建筑历史价值。事前做好调查与施工计划，充分利用3D扫描技术、BIM技术保证改建工程的准确性与高效化，贯彻ICT（信息化）施工理念。竣工之后，"感觉改建完之后与原来没什么变化啊"这句话对于项目工作人员来说是最大的褒奖。

（加藤荣一郎/清水建设）

（翻译：孙小斐）

设计：清水建设
施工：清水建设横滨分公司
用地面积：5005.600 m²
建筑面积：2481.613 m²
使用面积：9994.602 m²
层数：地上6楼 塔楼1层
结构：钢与钢筋混凝土结构+钢筋混凝土结构 部分钢结构
工期：2014年6月～9月（1期工程）
　　　2016年1月～10月（2期工程）
摄影：日本新建筑社摄影部（特别标注除外）
105页下方两张图片提供：清水建设
*图片提供：SS东京分公司
（项目说明详见第151页）

东侧外观。里边是1991年（平成3年）建的新楼

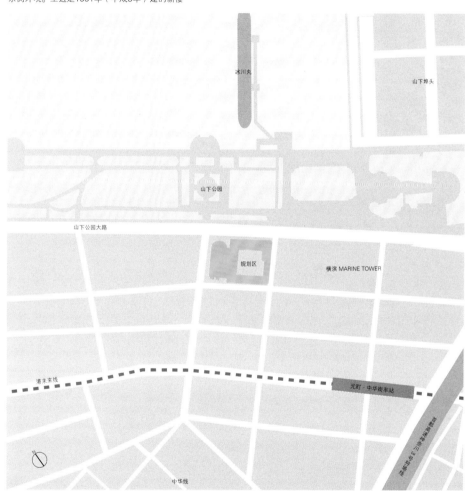

平面图 比例尺 1:2500

这是1927年（昭和2年）彩虹厅竣工时的样子。此大厅作为舞踏场馆，所以地板也贴的比较严实。

这是竣工时东侧的外观。从外观来看，现在几乎跟当时没有太大区别。

熊本城天守阁重建复兴工程

设计施工　大林组
所在地　日本熊本县熊本市中央区
KUMAMOTO CASTLE TOWER RESTORATION AND MAINTENANCE PROJECT
architects: OBAYASHI CORPORATION

熊本城是由加藤清正于1607年建立的。作为熊本的象征深受人们喜爱。在410年间，数次大地震都给它带来了不同程度的损坏。此次工程是熊本城的修复、改建项目。

2016年的熊本地震中，熊本城遭到了很大的破坏。通过媒体，整个日本甚至世界都了解到了熊本城的受灾之重。城内石墙被破坏，整个建筑都处于半倒塌状态。

灾后，熊本人立志重建熊本城，现在重建工程正在紧锣密鼓地进行中。初步估计整个重建工程总要花费20年左右的时间，此外，还需要大量的资金支持。因此，熊本市通过实行"复兴城主"制度募集捐款，截至2016年年末，已经募集了近2亿日元左右。

在重建过程中，不仅使熊本城恢复原貌，同时会结合未来的建筑发展趋势，利用先进技术，打造更稳固的熊本城，重新展现日本文化遗产的独特魅力。

▌熊本城重建计划时间轴▐

□2016年4月14日、16日 发生熊本地震

　　熊本城中有13栋建筑被指定为日本重要文化遗产。在此次地震中，这些建筑都受到了损坏。原本全长242 m的垣墙坍塌了100 m，城墙完全倒塌。饱含历史底蕴的五层宇土橹（橹：日本在战国时代以后修建了大量城堡，城堡上的木建筑大多都叫"橹"。）也受到部分破坏。1960年重建的大天守的屋顶瓦片都已碎落，鲵（一种生物，以该生物为原型做屋顶装饰）也掉落。2005年重建的饭田丸五层橹的石墙遭到破坏，楼塔处于半倒塌状态。

□2016年8月24日

　　震后的饭田丸五层橹依靠角部石墙支撑着整个建筑（被称作奇迹式石墙）。之后，为了防止建筑倒塌，进行了加固。城内道路是此次工程的基础，所以也进行了全面重建。大林组（OBAYASHI 公司）针对熊本大地震，展开了熊本城饭田丸五层橹防倒塌紧急对应工程与熊本城南大手门防倒塌紧急对应工程。

□2016年10月20日

　　大林组选定"熊本城天守阁维修重建工程设计与工程施工"的优先交涉权利人。

□2016年11月1日

　　"复兴城主"制度以"一口城主"制度（2016年4月21日被取消）为基础。

□2016年12月26日

　　熊本城是熊本的象征。此次熊本城的复兴围绕"熊本城复兴方针"展开。具体包括了一些创意以及施工方向等。

上：饭田丸现状/左下：倒塌前的饭田丸
右下：楼塔上方搭建临时台子。楼塔下搭建承重梁

熊本城古迹周围的布局

重建熊本城——放眼未来100年，重建熊本的象征

清泽唯志（大林组）

熊本城是由战国名将加藤清正修建。建在市中心的一个小山丘上，深受市民喜爱。2016年4月14日发生了大地震，因为地震及余震的影响，围墙、石墙以及建筑内部都受到了很大的破坏。熊本城自建城起，到现在的410年间，经历了几次大地震，损坏严重。这次工程对建筑进行了维修、重建、复原。为了熊本城的重建，政府、市民齐心协力做了很多努力，比如筹集捐款等。希望打造一个坚固的熊本城，当大地震再次来袭的时候，可以不危及生命，将损害降到最低。也希望市民吸取教训，同时将不屈的精神和对未来的无限憧憬积极传承下去。

这次，我们进行了天守阁的重建。1877年（明治10年）时，因为战争，天守阁遭到了毁坏。

因此，在1960年（昭和35年）进行了第一次重建，此次是第二次重建工程。

大天守阁是由桩支撑着整个建筑的重力，外围石墙跟建筑分隔开，不会轻易倒塌。但是，小天守阁的石墙直接承担着部分建筑物的重力，很容易崩塌。所以此次的改建方案是使石墙与一层建筑分离，改用桩来支撑整个建筑的重力。同时，增加建筑物的整体抗震性，安装抗震支撑管路，对瓦片已经掉落的屋顶进行维修。原来是用"湿式施工"，即采用湿土做材料，现在则改为"干式施工"，即用木材做材料。石墙是重要的文化遗产，考虑这一点，在充分进行了石墙·遗产保护计划之后才进行动工。

工程计划在2018年（平成30年）4月，也就是熊本地震发生的两年以后，将大天守阁四层以上的脚手架拆除，完成初步改建。希望在2019年（平成31年）4月的时候，游客可以站在天守阁的最高层俯视熊本城和整个熊本市的街景，见证城市的迅速发展。2019年日本将举行橄榄球世界杯大赛、女子手球世界锦标赛，作为灾后重建的典范，希望以此向来自海内外的朋友展示熊本城的新魅力。

（清泽唯志/大林组）

（翻译：孙小斐）

▌熊本城天守阁重建工程计划▌
※ 以下的图·表都是选自技术提案书

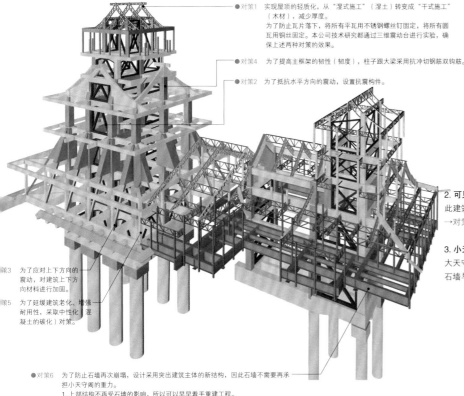

●对策1 实现屋顶的轻质化，从"湿式施工"（湿土）转变成"干式施工"（木材），减少厚度。
为了防止瓦片落下，将所有平瓦用不锈钢螺丝钉固定，将所有圆瓦用铜丝固定。本公司技术研究部通过三维震动台进行实验，确保上述两种对策的效果。

●对策4 为了提高主框架的韧性（韧度），柱子跟大梁采用抗冲切钢筋双钩筋。

●对策2 为了抵抗水平方向的震动，设置抗震构件。

对策3 为了应对上下方向的震动，对建筑上下方向材料进行加固。

对策5 为了延缓建筑老化、增强耐用性，采取中性化（混凝土的碳化）对策。

●对策6 为了防止石墙再次崩塌，设计采用突出建筑主体的新结构，因此石墙不需要再承担小天守阁的重力。
1. 上部结构不再受石墙的影响，所以可以早早着手重建工程。
2. 之前由石墙支撑小天守阁外部重量，现在换成由原本的桩来支撑，不需要追加新的桩。
3. 小天守阁的6根柱子中有2根直接支撑着内部主体建筑。突出的框架与原本的框架之间有部分分离，所以对地面的压力较之前会有所减少。

BIM结构模型

1. 以大天守阁最顶层为中心瓦片大规模掉落
由于地震规模较大加上顶层框架刚性不足，造成瓦片变形。→对策1

瓦片掉落后的样子

2. 可见建筑多处受损
此建筑是在"新抗震基准"实施之前建造的建筑物，所以抗震性相对不足。→对策2、3、4、5

3. 小天守阁的石墙内部、外部都遭到了大规模的破坏
大天守阁的石墙与主体结构是分离的，所以受损程度相对较轻。小天守阁的石墙与建筑相连，所以受损程度较严重。→对策6

小天守阁脚下坍塌的石墙

天守阁工程计划表

设计施工：大林组
用地面积：约526 900 m²
使用面积：3068.3 m²
层数：地下1层　地上6层
结构：钢架、钢筋混凝土结构
　　　部分钢筋混凝土结构
工期：2017年2月～2021年3月末
图片提供：熊本市
（项目说明详见第151页）

● : 工程费用预算　● : 议会许可·工程合约

工程计划表时间轴：平成28年（11 12 1 2）｜平成29年（3 4 5 6 7 8 9 10 11 12 1 2）｜平成30年度（3 4 5 6 7 8 9 10 11 12 1 2）｜H31（3）｜H32（4-9 10-3）｜H33 H34（4-9 10-3）

设计
- 外部·主体翻新：基本设计、实施设计
- 抗震设计：实施设计、结构评定
- 无障碍设计：基本设计、实施设计
- 内部装饰·展示：基本设计、实施设计
- 石墙：基本设计、实施设计、变更设计、变更设计
- 行政手续：专家讨论委员会
- 施工技术讨论：BIM·全尺寸模型等（设计阶段）、BIM·全尺寸模型等（施工阶段）

调查等
- 议会：申请（调查）
- 文化遗产保护法的重建许可：文化遗产保护审议会、申请（挖掘+重建）、申请（挖掘+重建）
- 调查·记录：申请（工程计划·临时工具·拆除）、原结构·拆除·石材、遗留结构·拆除·石材+挖掘、遗留结构·拆除·石材、遗留结构·拆除
- 模拟：抗灾等模拟

工程施工
- 临时：计划·准备工程、临时平台·脚手架·临时架子、拆除脚手架
- 屋顶·外墙：瓦·外墙翻修（检查）、瓦·外墙翻修（检查）、瓦·外墙翻修（检查）、屋顶·外部装修（小天守阁）（检查）
- 翻新建筑主体，增强抗震性：主体翻修·提高抗震性（检查）、修建框架，增强抗震性（小天守阁）（检查）
- 内部装修·展示：内部装修完成（大天守阁）（检查）、内部装修完成（小天守阁）（检查）、剩余工程
- 石墙工程（大天守阁）：拆除、重建（检查）
- （小天守阁）：撤走拆除的建筑部件、撤走倒塌的石墙、重建（检查）

熊本城大天守阁抗震加固工程

（大天守阁图）

为尽快实现重建，提出独特的抗震改建方案。对各方案在抗震性、对石墙的影响、对预计展示效果的影响、成本等方面进行比较之后采用最优的抗震改建方式（参考左下图）。在原有基础上对建筑进行加固，采用黏合加固方式，减少对建筑本身的负担的同时提高施工的可行性。（参考右下图）

在柱子和梁上用碳纤维板来加固，提高建筑的韧性。
CRS-CL施工方式
在柱子上缠上轻质碳纤维板加固。
CRS-BM施工方式
在梁上缠上轻质碳纤维板加固。通过固定板在底板下固定。

概念图　　实验情况：没有加固　实验情况：有加固

CRS-CL施工方式

概念图　　　　施工状况

CRS-BM施工方式

此次加固工程方案与其他方案的比较

	抗震结构	制震结构	免震结构
	建筑内部配置抗震结构	在建筑物内部安装制动	地下1层的柱头上设置免震材料
加固结构 /	抗震板·抗震墙等	黏性减震器·黏性墙壁	免震支撑材料·减震材料
抗震安全性目标 /	II类	II类	I类
重要系数 /	1.25	1.25	1.50
抗震性6级 游客 /	◎ 确保游客生命安全	○ 保护人的生命安全	○ 保护人的生命安全
抗震性6级 建筑物 /	◎ 不需要大的改动	○ 不需要大的改动	○ 不需要改动
对石墙的影响 /	◎ 无影响	○ 无影响	× 需要基础梁加固
对展示计划的影响 /	○ 结构改造可以兼顾展示计划	△ 加固地方较多，故有影响	○ 加固部位很少，所以无影响
大天守阁进入（H31.3）/	○ 可进入	○ 可进入	△ 不可进入
费用 /	○ 加固成本最低	△ 加固地方多，故成本较高	△ 免震工程的预算比较高
综合评价 /	◎ 可兼顾展示计划 在不破坏外观的基础上进行加固	为了提高制震效果，需将多处进行加固，较困难	需要加固基础梁，所以需要地下作业

支撑施工方式

在已经遭到破坏的钢管框架内插入钢筋支撑物，空处用泥浆填充，形成新的抗震支撑结构。

 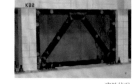

概念图　　　　　　实验状况

墙施工方式

组建小型模块，模块内部空处用泥浆填充，建成抗震墙。

概念图　　　　　　施工状况

大天守阁屋顶和小天守阁石墙翻新计划

大天守阁屋顶的瓦片几乎全部掉落

此次改建放弃了原来的"湿式施工法"，使用"干式施工法"，实现了瓦片的轻质化（下图）。参考1960年（昭和35年）熊本城天守阁重建工程记录照片，推算当时运用"湿式施工法"时瓦片的重量。从而证明，此次改建确实实现了瓦片的轻质化。将平瓦的厚度减小。

将瓦片中间部分做薄，通过四周的弯度保证瓦片强度。瓦片强度测试依据"瓦片屋顶标准设计·施工方针"（监修：独立行政法人建筑研究所）进行。

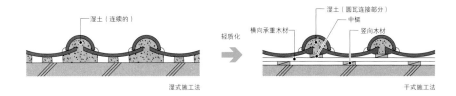

倒塌的小天守阁石墙

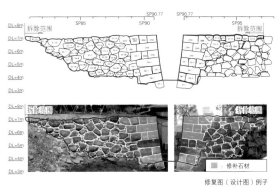

修复图（设计图）例子

以照片为基础，完成石墙复原设计图

石墙是重要的历史古迹，要尽可能将其恢复原貌。因此，要收集相关信息，比如，地震前的照片、资料等，并完成修复图（设计图）。内部石墙参考了大林组所保留的昭和35年度熊本城天守阁重建工程的记录照片。动工前用3D激光进行测量，根据得到的数值进行评估，通过地下雷达探测（本公司的独自技术）可以了解石墙背面的情况，基于此，设计拆除范围。

通过3D激光测量得到的现状斜度图，从而设定基础斜度，进行重建作业。

石墙·原结构保护临时计划

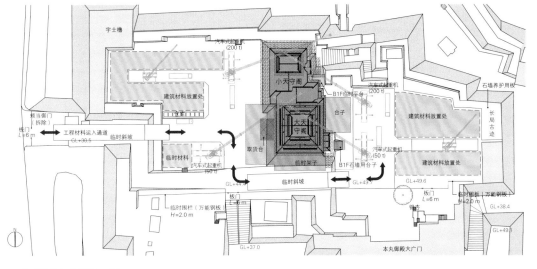

临时设计图　比例尺1:1000

初步方案充分考虑对石墙·残留建筑的保护

大天守阁周围设置临时架子，在上边设置脚手架以及通往上层的取货台。所有的重力都由临时架子承受，对石墙几乎没有压力。南侧设置临时斜坡，使建筑与石墙之间的间距变窄，临时架子的跨度不够大，柱子底部的反作用力变大，临时架子就有倒塌的危险。将临时架子的前端与大天守阁相连，减少柱子底部的反作用力，防止临时架子倒塌，保护原本的建筑基础以及石墙。

小天守阁周围石墙分成北侧以及东侧两段。设置临时架子以后，重力都集中在下部，可能对下层石墙增加负担，产生损害。新的提案是不设置临时架子，而是沿着石墙设置单管落地脚手架，减轻脚手架的重量，分散重力，减少对石墙的压力。

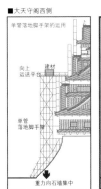

设置临时架子与脚手架，减少石墙负担

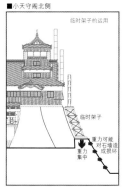

MARS ICE HOME

设计　NASA（LANGLEY RESEARCH CENTER）
　　　CLOUDS ARCHITECTURE OFFICE／SPACE EXPLORATION ARCHITECTURE
施工　NASA
所在地　火星
MARS ICE HOME
architects: CLOUDS ARCHITECTURE OFFICE／SPACE EXPLORATION ARCHITECTURE

外观。用火星冰做外壳，遮挡宇宙辐射。吸收自然光。通道由外接密封舱构成

火星建筑的形态

Mars Ice Home建于火星地表。可防止宇宙射线对宇航员造成伤害、保护宇航员安全、提供高效的工作环境、提升发射质量、减少成本。它是一个火星居住设施，基于NASA（美国国家航空航天局）负责的2030年的火星载人勘探计划进行设计，大量运用人类生存不可或缺的水作为建筑材料，并阻挡辐射。

Mars Ice Home是膨胀式结构，有展开系统、防伪系统、通信这三个重要功能。宇航员在探测基地需要长期进行各种各样的探测活动，所以设施内柔软度很好，可提供舒适的作业空间。为了与其他设施连接，具备良好的扩张性。同时，还具有ISRU（当地资源利用系统）、电源、命令控制以及ECLSS（环境控制·生命维持系统）等外部设备的控制界面。

半透明膜内的冰是十分重要的设计元素。火星一天的时长跟地球很接近，透明的设计可以使自然光照进内部空间，使宇航员可以根据日周期进行相应活动。通过透明的窗户可以看到周围的景观，这对保持宇航员的精神健康，提高宇航员工作效率都有很大帮助。将有抗辐射效果的冰放置在辐射最强的头顶上方。冰层的结构是从断面到顶层不断加厚。增压层是由于内外巨大的压力差形成的，支撑着冰的重量。

以下是施工顺序。首先将紧缩化的设施运送到火星，接触大气中的CO_2后，膜不断膨胀。将居住设施运送到火星，通过ISRU制造氧气，使氧气填满整个空间。一边加热，一边将冰层内的CO_2用ISRU制造的水来替换。停止加热后，由于外部−43℃的低温影响，水结成冰。这一切都在宇航员抵达之前由Mars Ice Home自动完成。冰层采用双层膜结构，所以即使盛夏时节在赤道边上，温度远远超过冰的熔点也可以正常发挥作用。居住部分通过多孔隔热层（CO_2隔热层）来实现隔热与保温。居住区与冰层之间用CO_2填充。

2015年NASA举办了火星居住设计大赛，该设计是此次大赛的优胜作品。工程师基于Mars Ice House的设计理念，重视光照、视野等居住环境的同时，努力将其打造成为实用性强、延展性高的火星居住空间。

（Clouds AO / SEArch）

（翻译：孙小斐）

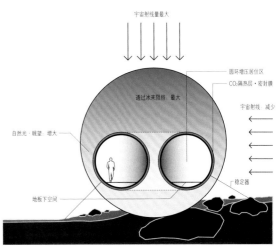

夜景下装置展开后的样子。右边是ECLSS。内部的光可以透过冰

划分宇宙射线与居住区域的创意图

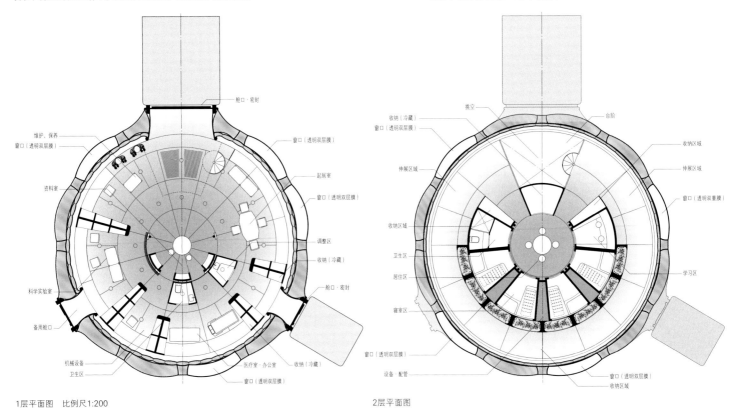

1层平面图　比例尺1:200

2层平面图

居住空间使用材料
屋顶·外墙
　·Beta Cloth
　　用二氧化硅纤维镀铝，并用聚四氟乙烯涂层的耐火·耐用膜作为材料。这种膜现在作为国际宇宙空间站（ISS）的外部装饰使用。为了将Mars Ice House建成半透明状，反复讨论控制光线通过量的方式。
　·COR（Clear Oxygen Resistant）高分子
　　需要在宇宙中使用，所以材料选用防真空紫外线、控制热度的低密度透明重合膜材料。

居室内部的墙壁·顶棚：LEXAN树脂
　　通过羟基的氯化得到热塑性较大的聚碳酸酯·高分子聚合物。

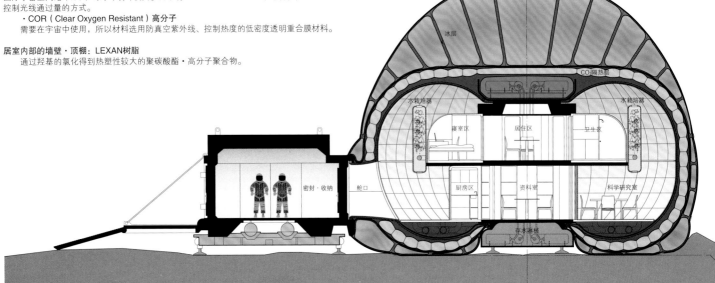

剖面图　比例尺1:150

设计：建筑：CLOUDS ARCHITECTURE OFFICE
　　　　　　SPACE EXPLORATION ARCHITECTURE
结构·设备：NASA（LANGLEY RESEARCH CENTER）
施工：NASA
用地面积：150 m²
使用面积：200 m²
层数：地上2层
结构：膜结构　铝·复合（中心部）
工期：未定
图片提供：SEArch / Clouds AO for NASA
（项目说明详见第152页）

寝室。通过水栽培种植的绿色植物可以引进自然光

利用先进技术、确保火星居住环境

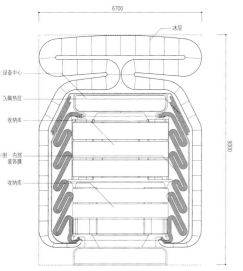
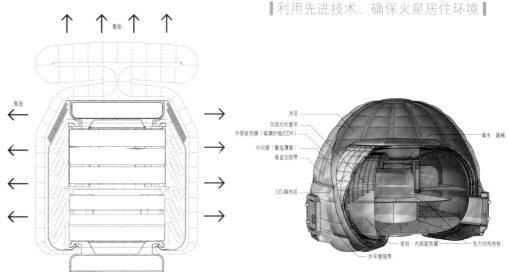

1. 收纳形态
紧缩在一起的机体展开的过程。各层膜都折叠在一起，聚集在中心位置

2. 增压膜结构展开
到达火星之后，通过大量CO_2让膜膨胀，将冰层的CO_2用ISRU产生的水替换掉，通过舱外的低温使水结成冰

3. 展开形态·结构切面透视图
在隔热层留有一部分CO_2，居住空间用ISRU产生的氧气来填满

NASA竞赛的优胜作品"Mars Ice House"

这是2015年NASA举办的火星居住设计大赛中的优胜作品。利用火星地下的冰，与零摄氏度以下的严寒环境进行冰的3D打印，提出了实施可行性高、能量利用率高的自动施工方案。3D打印是创意的重要一环，利用此技术制造出了冰的模型。3D打印技术已得到了广泛应用，将来也会有更好的发展前景。冰壁在压力透明膜的内部，光线可以透过，宇航员可以看到窗外景象，这种设计使宇航员可以最大程度感受火星的震撼。这是地球外建筑技术革新的象征，充分利用原来用于遮挡辐射的土壤形成新的封闭空间。设计充分考虑居住性与人性化。本次的提案是增加Mars Ice House的实用性与延展性。

（Clouds AO / SEArch）

右边四图，左上：大赛优胜作品"Mars Ice House"外观／右上：冰的3D打印模型／左下：竞赛作品的内部设计与移动型3D打印机器人。墙壁的凹凸处是移动用的轨道。到达火星之后可以移动／右下：冰的3D打印过程。白色部分是加固材料，因其熔点低于冰，所以可以去除

台中大都会歌剧院

设计　伊东丰雄建筑设计事务所　大矩联合建筑师事务所
施工　丽明营造
所在地　中国台湾台中市
NATIONAL TAICHUNG THEATER
architects: TOYO ITO & ASSOCIATES, ARCHITECTS, DA-JU ARCHITECTS & ASSOCIATES

东侧外观。中国台湾台中市三大剧院综合建筑位于公园中心轴线末端，属于立体曲面组合建筑

南侧俯瞰视角。该地区属于台中市中心地带，建有行政设施和高层住宅楼群。用地面积约为57 000 m²，位于城市绿化中心"夏绿地公园"的西北侧。设计方式灵活，建筑物与周边景观和谐共存

夕阳斜照下主体大厅的景象。兼具楼梯功能的挑空空间，高32 m，为钢筋混凝土结构，壁厚400 mm

5层办公室露台看向瞭望室视角。悬垂面由临时基准线形成独立结构，呈现非线性几何形态

1层柜台区域。通向Grand Theater剧场休息室的楼梯视角。该空间顶棚高6800 mm。
室内采用地暖。内部悬垂面表面为弹性彩色水泥涂装

2层剧场休息室。顶棚高度约为17 m。整体照明空间宽阔，
顶灯照射面积广。幕布内侧为剧场建筑规划区

舒适空间

大都会歌剧院位于中国台湾中部的台中市，内部环境安全、舒适、温暖。这一综合建筑包括2000张席位的Grand Theater、800张席位的Playhouse和200张席位的Black Box三大剧院。还包括商店、咖啡店、餐厅及公共空间。设有屋顶花园，与公园景观相得益彰。

该建筑原为台中市政府负责的建设项目，后由其他部门接管，命名为"大都会歌剧院"。横向纵向均由灵动的管状式空间相连，该空间被称为"回音涵洞"。大都会歌剧院所有的空间设计都充分契合人体直观体验，结构设计也十分灵活。

我们的设计初衷不仅是要凸显剧场建筑群结构，还希望能够将整体设施打造成舞台艺术和文化创造的场所。虽然空间形如涵洞，却具有其他涵洞不具有的独特功能，整体设计十分灵活。

通过简单、灵活的设计规则打造复杂的有机组合空间，这就是非线性几何系统。通过操作每层的平面基准线可以得到复杂的立体曲面。这一设计有利于实现回音涵洞作为剧院的多功能性。

这一非线性系统可通过电脑数字技术实现。但我们的设计目的是让人体验超真模拟的原始体感空间，因此，施工过程也尽量采用传统方式（手工）。主要是将陈旧的钢条一条一条地进行弯曲加工后埋进混凝土内。

这样，2016年9月末，在Grand Theater内，巴塞罗那的前卫演艺团体La Fura Dels Baus演绎了理查德·瓦格纳的歌剧《莱茵的黄金》；在Playhouse内，向井山朋子进行了跨界表演《La Mode》，台中大都会歌剧院由此正式开馆。

（水沼靖昭／伊东丰雄建筑设计事务所）

（翻译：林星）

设计：建筑：伊东丰雄建筑设计事务所
　　　　　　大矩联合建筑师事务所
　　　结构：Arup 永峻工程
　　　设备：竹中工务店·林伸环控设计·
　　　　　　汉达电机技师事务所
　　　施工：丽明营造（主体工程）台大丰·金树营造企
　　　　　　业联营体（舞台设备工程）
用地面积：57 020.46 m²
建筑面积：8308.20 m²
使用面积：51 152.19 m²
层数：地下2层 地上6层 塔楼1层
结构：钢筋混凝土结构 部分为钢架结构
工期：2009年12月～2016年9月
摄影：日本新建筑社摄影部（特别标注除外）
*图片提供：伊东丰雄建筑设计事务所
**摄影：中村绘
（项目说明详见第152页）

1层入口。剧院高层主色调为红色和蓝色。到1层为止的疏散楼梯空间每层颜色各不相同。通过灵活设计，悬垂面营造出连续空间，实现了墙壁与天花板的一体化

拥有2000多张席位（有7张可用作残疾人轮椅席位）的Grand
Theater

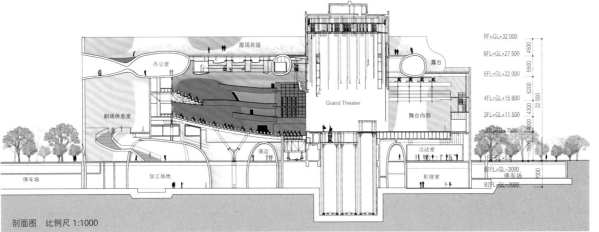

剖面图　比例尺1:1000

Grand Theater的高层观众席

照明设备的灵活设计

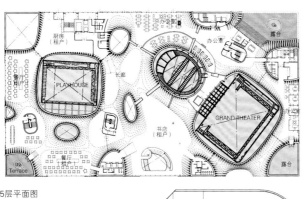

5层平面图

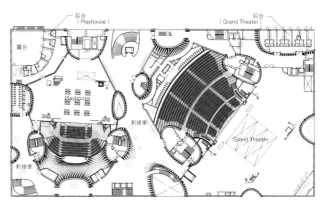

区域图　比例尺 1:60 000

户外剧场

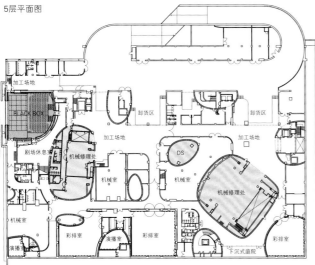

地下2层平面图　比例尺 1:1500

2层平面图

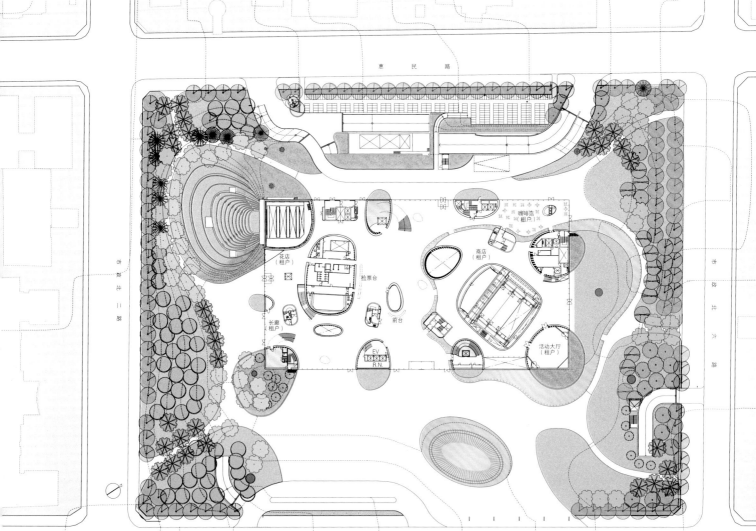

区域图与1层平面图　比例尺 1:1500

户外剧场。位于地下2层的Black Box（200张席位），（如有可延伸在室外的圆形广场

拥有800张席位（6张可用作残疾人轮椅席位）的Playhouse。大厅基色调为蓝色，有别于2层的Grand Theater（红色）

5层办公室露台。站在露台上，作为城市绿化中心的公园和正在开发中的高层建筑群一览无余

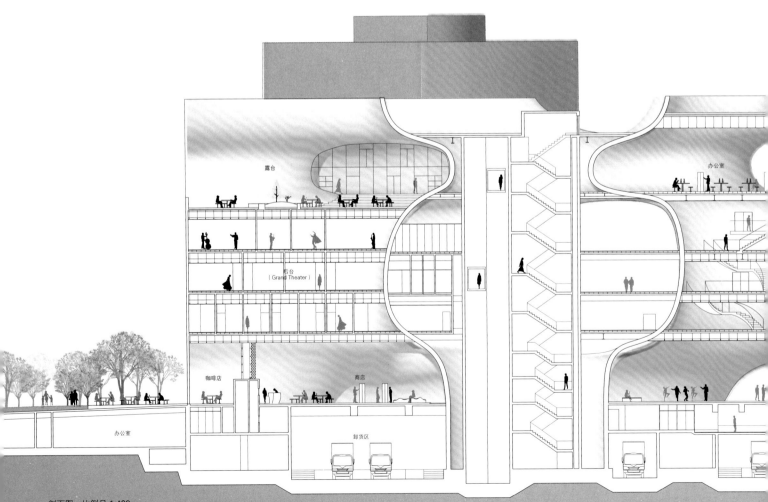

剖面图　比例尺 1:400

悬垂面和挑空设计的楼梯空间

向公众完全开放的屋顶花园。悬垂面顶部呈突出状态

1层商店。建筑内部的"小桥流水"景观

5层办公室。顶棚高度为6800 mm

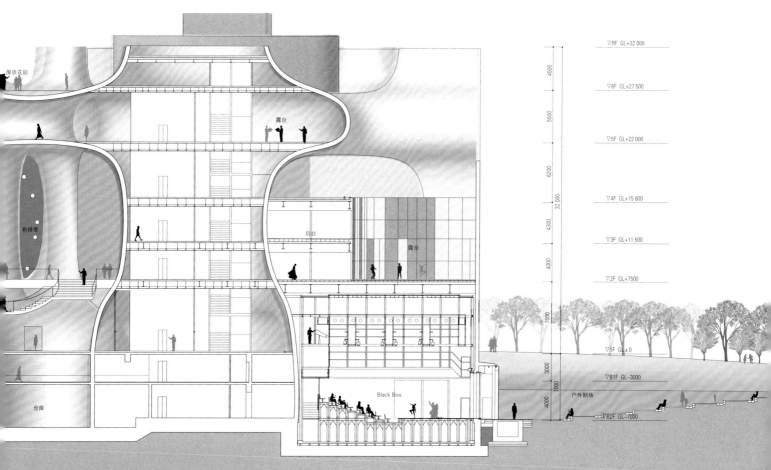

设计实现的艰难之路

伊东丰雄（建筑师）

直击心灵的感受

2016年9月30日，大都会歌剧院内进行了工程竣工演出。竞标是在2005年秋天进行的，也就是说，直至竣工花了11年时间。当我看到大厅内人山人海的场面时，五味陈杂、感慨万千的心情难以言表。但我印象最深的是2014年大厅临时开放时的场面。虽然当时还处于施工阶段，基于市民的要求，在接近年底的11月，从入口至大厅的空间向市民开放。而当时的我正在住院，在东京的病榻上，用手机看着热闹场面的视频，大家的热闹和我一个人的寂寥形成了鲜明对比。感慨之情油然而生，既有终于完成项目的安心感，同时，又觉得自己的设计构思终于尘埃落定了。

我之前从未想过自己会接手如此耗时费力的大型项目。建筑能否建成并不是靠个人意志决定的，而是很多不期而遇的人、事决定的。由于政治环境、经济情况以及人事等原因，建设进程有一帆风顺的时候，也有受阻受挫的时候。本次建设过程中遭遇的危机和艰难可以说数不胜数。虽然按最初计划，"大都会歌剧院"项目属于延期竣工，但能够完成就已算是奇迹。让我觉得尘埃落定的原因在于这一建筑的某些地方跟我的第一工程"中野本町之家"有共通之处。简而言之，相似性在于"内心体验"，虽然表现形式完全不同。我想，大家都能感觉到身处建筑空间内时有一种回归"母体"的感觉。

"中野本町之家"设计公开后，被称为"地上的地下空间""白色涵洞"。其外壁开口空间很少，内部较封闭，主要为顶部采光，所以会给人留下这一系列的印象。与之相比，"大都会歌剧院"并不仅限于立体的外观形态，内部也是连贯的涵洞式立体空间。当地人称之为"回音涵洞"。除两大厅（2000张席位的Grand Theater、800张席位的Playhouse）以外，其余空间均为白色管状空间，声音与光可远距离迂回传播。站在管状通道末端的开口处眺望附近的高楼大厦时，会产生一种奇妙的感觉，似乎是原始人从涵洞里窥探现代都市。

两期设计作品的共通之处在于深入内心的舒适体验，但对比这四十年间不断建起的建筑物，似乎是在靠近和远离这种"内心体验"之间不断循环往复。也就是说，既是从沉浸于自己内心的身体感觉中脱离出来，依赖理性的作品，又是理性思考时也会无意识地受内心深处溢出的感受支配的作品，是在这两者之间相互转换的作品。或者可以认为是在地上与地下之间自由切换"体验"的空间设计。

而且，我的设计理念萌芽于"中野本町之家"项目，最终完美体现于"大都会歌剧院"项目。或许这也是我设计生涯中的顶峰之作。

实现设计的漫漫长路

本次建设是一次前所未有且不可复制的过程。那么，具体过程如何呢？设计方案在竞标中被选中时，设计的施工工法、建设费用以及工期都是未知的，我们为此感到不安。当时的台中市市长胡志强一直对该项目的完成充满期待。无论是在风险和不安中投资这一充满未知的建筑事业，还是之后的整个建设过程，一直不断给予我们帮助和支持。如果没有他，这一项目或许会化为泡影。我们之前的设计项目"仙台媒体中心"能在千难万险中成功也是得益于当时的仙台市终生学习科科长（现仙台市市长）奥山惠美子的支持。本次台中市项目的风险远高于仙台项目，但无论怎样，作为建设者，如果没有坚强的意志，是很难建成新建筑的。

本项目建设过程中最大的困难在于施工设计完成时找不到施工工人。无论我们召开多少次施工说明会，依然没有任何建设公司愿意承接。一般而言，台湾公共建筑的工期延迟将会被罚重金，因而建设公司不太喜欢接手。何况是这种高难度的建设项目，没有公司愿意承接是理所当然的。正当我们一筹莫展准备放弃时，终于有当地建设公司愿意承接了。虽然我们也做了一些工作，但后来才知道是胡市长的超强毅力扭转了局势。

自2009年工程启动时起，台中市政府、施工工人以及建筑设计者之间矛盾重重。因为施工等工程问题，建筑施工现场的施工队陷入了与另外两方的争执中，工程进度因此一再推延。

然而，建筑建成后，三方又完全冰释前嫌，相拥而庆，市民也十分开心。开馆后，人们纷至沓来，馆内人头攒动，一片热闹景象。身处热闹之中，我也完全忘记了此前的一切艰辛。历时11年，脑海中的建筑终于变成了眼前的实物，令人倍感欣慰和自豪。

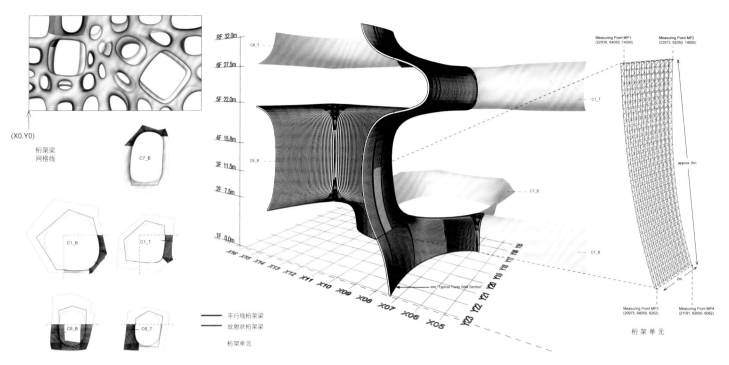

桁架单元。将悬垂面分解为若干部分。现场进行钢筋加工

左上：使用数控机床加工，形成平面桁架，并将之与钢筋焊接在一起/左下：现场加工而成的钢筋桁条/右：现场组装桁条、浇筑混凝土（桁架梁工法）

打造悬垂面

本次的三维曲面结构体"悬垂面"是怎样建成的呢？关于这一问题，从设施建设开始我们就一直不断进行讨论。我们想到了各种方式，如在钢架网两侧喷射混凝土；使用聚苯乙烯泡沫塑料削制成模型；使用弯曲胶合板制造模型等。综合考虑施工可行性、费用、台湾地区建筑施工传统工艺后，我们最终采用了桁架梁工法。桁架梁工法即将立体形状分割成平面曲面，再使用钢筋桁架构成立体曲面，最后插入金属网，浇筑混凝土的过程。圆顶等的施工工法基本与日式施工工法一致。一般情况下，小规模物件的标准厚度为20 cm。但该规格是否适用于大都会歌剧院如此大规模的结构体呢？我们对此进行了探讨，并在设计阶段进行了模型模拟试验。

为了尽快推进工程实施，我们还对结构设计进行了根本

性改革。其中之一就是最大程度地降低整体厚度。最初厚度为80 cm，后来减到了40 cm。不仅不需要花费心思打造真空空间，还避免了此前一直存在的恶性循环问题———物体自身重量即会增加弯曲力矩。其次是结构的最优化设计，避免使用粗大钢筋。局部弯曲力矩十分严重，面对这样的情况，是增加钢筋尺寸，还是增加整体厚度呢？我们最终选择了利用最新开发的最优化计算程序算法和有限元分析（FEM）对其进行重新组装。保证大量钢筋尺寸均保持在D13，易弯曲加工。

工程正式启动前，我们与台湾当地的施工工人进行了施工细节探讨以提高施工效率。我们本以为钢筋桁架是钢筋工负责的，却并非如此，而是由钢架工负责。他们在建筑工地上建起了钢筋加工工厂，并购买了数控机床。在钢板上直接

加工钢筋桁条，节省了施工放线等过程。在钢板加工台上焊接冶金工具，并用金属夹钉暂时固定等一系列工作完全属于钢架工的独家技艺。采用钢筋和螺丝钉固定金属网的螺栓固定方式，比起以往的绳结固定，现场作业效率更高。浇筑后也容易取出金属网。我们与组建暂设钢材的支架工一起，思考了适用于各种曲率的接合材料。

尽管我们在尽可能追求数字化和系统化，最终还是在烈日炎炎之下纯手工作业完成了表面积约为22 000 m² 的悬垂面工程。虽然面积宽广的钢筋水泥表面和粗糙的混凝土涵洞看起来很没有格调，但设计十分罕见。本次建筑工程自动工起历时4年11个月，终于到了上梁阶段。

台北南山广场

设计　三菱地所设计 大草彻也+须部恭浩
　　　瀚亚国际设计
施工　互助营造
所在地　中国台湾台北市
TAIPEI NANSHAN PLAZA
architects: MITSUBISHI JISHO SEKKEI | TETSUYA OKUSA+YASUHIRO SUBE

从距用地东南方向约1 km的象山（海拔183 m）俯瞰金融中心信义地区。建成了继中国台湾第一高楼台北101之后新的地标性建筑。南山广场主建筑象征"双手合十"，旨在向人们表达谢意。举行了"上栋式"（祈祷建筑顺利完工的仪式）之后，便开始48层的外墙施工（截至2016年12月）

广场西南侧仰视视角。商业区一部分外墙采用梅花花瓣图案不锈钢铸造，并采用双皮层构造透明窗扇和纸纤维百叶窗挡板，在环保评级中被评为钻石级

城市设计

项目规划地位于台北金融中心信义地区中心轴的南侧，旨在对台北第一高楼台北101的周边贸易中心进行开发。委托方台北人寿从政府获得了该地块50年的租赁权，计划在此地修建写字楼和高级商业区，促进地区发展。

因为该地块是东西方向延伸的270 m的狭长土地，所以在一定程度上限制了人流的流入。我初次到访此地时，感觉到街上人声鼎沸，到这里却变得安静。我认为要使此处重新焕发生机，关键在于重构街区人流线，创造出一处能够吸引人们前来的地标性建筑。

在信义地区的商业中心南侧修建高塔，并且在台北101对面也修建272 m的高塔，创造台北地区新型地标性建筑。另外在主楼高塔的两侧分别修建商业区和文化区。商业区由外墙装饰有不锈钢梅花花瓣的三个区块堆叠而成。文化区是一栋整体的文化入口建筑。主楼、商业区、文化区三部分同周边的街区和人流有机结合。塔楼顶部计划修建中国台湾第一处屋顶酒吧，同商业区的天台和公园形成绿意葱葱的整体，远望便让人想要踏上顶层，欣赏美景。

日本建筑师的教育背景使他们习惯不论是大方向还是细节，都将建筑、内部装饰、景观作为都市建筑的整体来进行设计。这次的项目也像在日本当地一样，从建筑师的角度、从宏观到微观做出整体性设计。这种高效简洁的设计得到了客户的认可。近年来，越来越多的日本建筑师参与到海外项目的设计中，这将会促使我们进一步挖掘日本式设计的深层内涵。

（大草彻也+须部恭浩/三菱地所设计）

（翻译：隋宛秦）

设计：建筑：三菱地所设计 大草彻也+须部恭浩
　　　　　　瀚亚国际设计
　　　结构：三菱地所设计·永峻工程顾问
　　　设备：三菱地所设计·中兴工程顾问+群兴工程顾问
施工：互助营造
用地面积：17 708 m²
建筑面积：10 271.41 m²
使用面积：192 891.35 m²
层数：地下5层　地上48层　塔楼2层
结构：钢架架构　钢筋混凝土结构
工期：2013年11月～2017年12月（预计）
摄影：日本新建筑社摄影部（特别标注除外）
*140～141页图片提供：三菱地所设计
（项目说明详见154页）

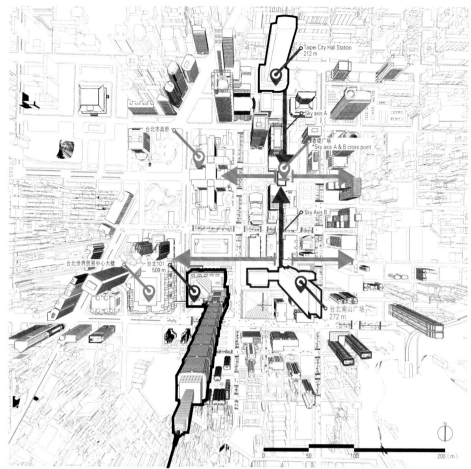

记录台北和信义地区城市轴线的区域图　比例尺 1:40 000

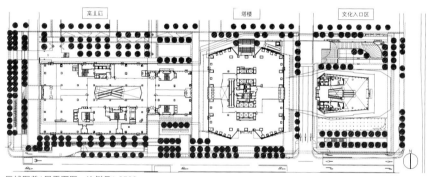

区域图兼1层平面图　比例尺1:2500

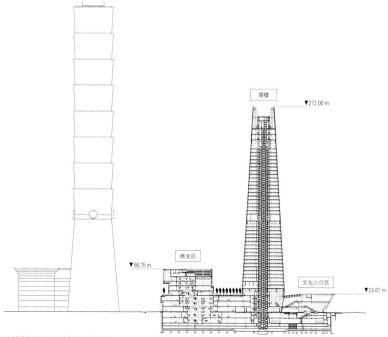

区域剖面图　比例尺1:5000

文化入口区南侧视角。模拟船体构造，采用复合支架将地震产生的轴向拉力分散到桁架上。外墙材料为钛板和玻璃。
文化大厅和入口合为一体，营造出广纳八方来客的氛围

商业区西侧视角。由三大区块堆叠而成。顶部建有天台，天台
上种植高大植物。区块间隔最大为11.2 m

东南上空俯瞰图

塔楼窗扇安装中。由于当地台风多发，加之周边高楼对风速的影响，风压可达11 500吨。考虑这一情况，窗扇中铝含量是日本常用窗扇材料的2.5倍

商业区外墙装饰梅花图案。约2万个直径为750 mm的梅花单元有机紧密相连。为了使不锈钢材料具有美感，使用防静电和防锈技术，这是对造船技术的应用

高层承重柱焊接工作

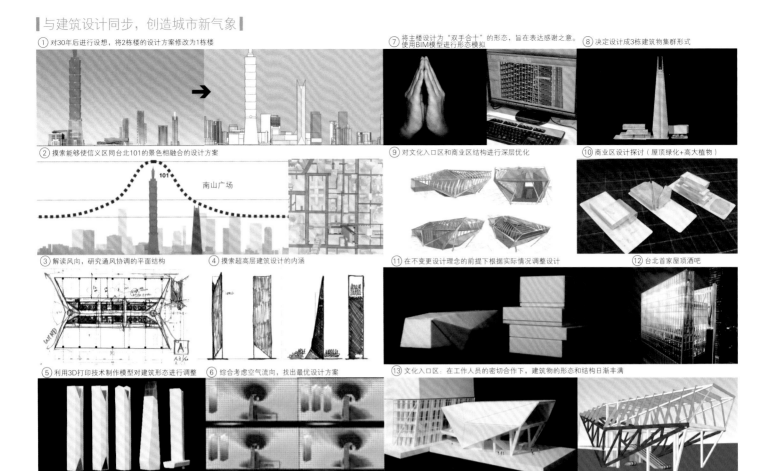

① 对30年后进行设想，将2栋楼的设计方案修改为1栋楼

② 摸索能够使信义区同台北101的景色相融合的设计方案
南山广场
101

③ 解读风向，研究通风协调的平面结构

④ 摸索超高层建筑设计的内涵

⑤ 利用3D打印技术制作模型对建筑形态进行调整

⑥ 综合考虑空气流向，找出最优设计方案

⑦ 将主楼设计为"双手合十"的形态，旨在表达感谢之意。使用BIM模型进行形态模拟

⑧ 决定设计成3栋建筑物集群形式

⑨ 对文化入口区和商业区结构进行深层优化

⑩ 商业区设计探讨（屋顶绿化+高大植物）

⑪ 在不变更设计理念的前提下根据实际情况调整设计

⑫ 台北首家屋顶酒吧

⑬ 文化入口区：在工作人员的密切合作下，建筑物的形态和结构日渐丰满

有关日本建筑师到海外进行建筑设计的一点想法

建筑师理应从建筑的整体进行综合考虑，然后做出设计方案，但是有时候想要清楚地传达自己的理念却不容易。只有将对事物的深刻理解成功传达给客户的建筑师才能得到认可。如何将理念诉诸城市和建筑中，如何有效地与客户沟通呢？右侧的进程图从城市整体的角度出发，精确到细节，将建筑师脑海中混沌的理念分成创造和沟通两个部分展示出来。设计方案是否保守？其中蕴含的价值能否经得起时间的考验？我们尽心竭力，力求完美。从手绘到模型再到计算，我们和客户一起，一点点将设计变为现实，真是乐趣无穷。

（大草彻也+须部恭浩/三菱地所设计）

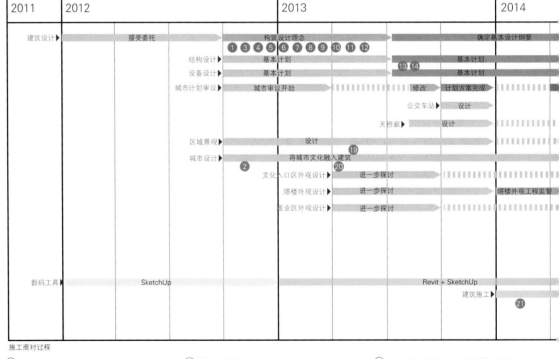

2011	2012		2013	2014
建筑设计 ▶	接受委托	构筑设计理念 ①③④⑤⑥⑦⑧⑨⑩⑪⑫		确定基本设计纲要
	结构设计	基本计划	⑬⑭	基本计划
	设备设计	基本计划		基本计划
	城市计划审议 ▶	城市审议开始	修改	计划方案完成
			公交车站	设计
		天桥廊 ▶	设计	
	区域景观 ▶	设计	⑲	
	城市设计 ▶	将城市文化融入建筑		
		②	⑳	
		文化入口区外观设计 ▶	进一步探讨	
		塔楼外观设计	进一步探讨	塔楼外观工程监督
		商业区外观设计	进一步探讨	
	数码工具 ▶	SketchUp		Revit + SketchUp
				建筑施工 ㉑

施工商对过程

⑳ 风洞实验，确定幕墙性能

㉑ 在工地对灌注桩进行施工

㉒ 钢架工厂检查

㉓ 钢架焊接，空间足够一名成年人钻进去

㉔ 塔楼外部装饰模型

㉕ 窗扇重量接近普通窗扇的2倍，以承受高风压

㉖ 在工厂进行设计监督，对外墙装饰进行检查

㉗ 2万个梅花单元全部由人工焊接而成

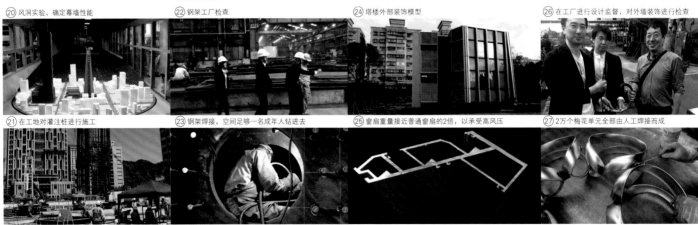

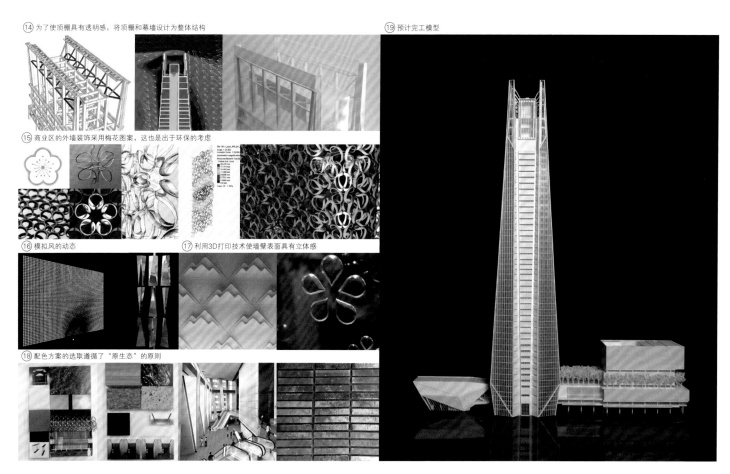

⑭ 为了使顶棚具有透明感，将顶棚和幕墙设计为整体结构

⑮ 商业区的外墙装饰采用梅花图案，这也是出于环保的考虑

⑯ 模拟风的动态

⑰ 利用3D打印技术使墙壁表面具有立体感

⑱ 配色方案的选取遵循了"原生态"的原则

⑲ 预计完工模型

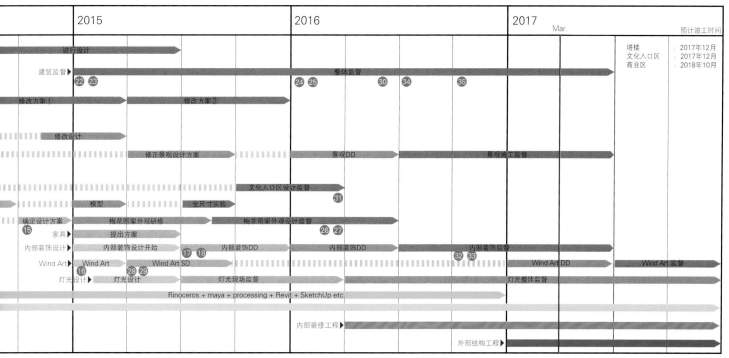

	2015	2016	2017 Mar.	预计竣工时间

塔楼　　　 ：2017年12月
文化入口区：2017年12月
商业区　　：2018年10月

进行设计
建筑监督 ▶　㉒ ㉓　　整体监督　㉔ ㉕　　㉚　㉞　　㉟
修改方案(1)　　　　修改方案②
修改设计
修正景观设计方案　　景观DD　　景观施工监督
文化入口区设计监督　㉛
模型　　全尺寸实验
⑮ 确定设计方案　梅花图案外观研修　梅花图案外观设计监督
家具 ▶　提出方案　　㉖ ㉗
内部装饰设计 ▶　内部装饰设计开始　⑰ ⑱　内部装饰DD　内部装饰DD　内部装饰监督　㉜ ㉝
Wind Art ▶　Wind Art　⑯　Wind Art SD　㉘ ㉙　　Wind Art DD　　Wind Art 监督
灯光设计 ▶　灯光设计　灯光现场监督　灯光整体监督
Rinoceros + maya + processing + Revit + SketchUp etc.
内部装修工程 ▶
外部结构工程 ▶

㉘ 同制造商针对Wind Art进行交流

㉚ 塔楼顶部的玻璃来自世界各地

㉜ 确认内部装饰模型

㉞ 展开草图，同设计人员一同交流

㉙ Wind Art

㉛ 商业区灯光效果模型

㉝ 标准电梯大厅模型

㉟ 利用模型同施工方进行交流，便于相互理解

岐南町新行政办公楼·中央公民馆·保健咨询中心〔项目详见第4页〕

●向导图登录新建筑在线
http://bit.ly/sk1703_map

所在地：岐阜县羽鸟郡岐南町八剑107
主要用途：行政办公楼·公民馆·保健咨询中心
主建方：岐南町

设计

建筑：Kwhg Architects
　负责人：川原田康子　比嘉武彦　渡边圭
　　　　小沼庆典
结构：梅泽建筑结构研究所
　负责人：梅泽良三　三野裕太
设备：电力负责人：森荣一郎
机械：负责人：渡边忍　浅野光
监理：Kwhg Architects
　负责人：川原田康子　比嘉武彦　渡边圭
　　　　小沼庆典　山梨绫菜　砂越阳介（备品
　　　　等追加部分）
　（外观结构不在之内）

施工

建筑：岐建·共荣特定建设企业联营体
　负责人：村上光邦　市川光范
空调·卫生：户岛工业
　负责人：秋元卓士
电力：安田电机
　负责人：森英树　竹内贵久

规模

用地面积：8306.47 m²
建筑面积：4217.36 m²
使用面积：7574.57 m²
　行政办公楼：4730.13 m²
　公民馆：2353.17 m²
　保健咨询中心：491.27 m²
1层：3828.13 m²/2层：964.46 m²
3层：964.46 m²/4层：964.46 m²
5层：853.06 m²
标准层：964.46 m²
建蔽率：50.77%（容许值：60%）
容积率：91.18%（容许值：200%）
层数：地上5层

尺寸

最高高度：20 854 mm
房檐高度：20 804 mm
层高：行政办公楼：
　1层：4075 mm/2层：3750 mm
　3层：3750 mm/4层：3725 mm
　5层：3775 mm
顶棚高度：
　办公室：3090 mm～3480 mm
　会议室：3390 mm～3480 mm
主要跨度：行政办公楼：9000 mm×8000 mm

用地条件

地域地区：市街化规划调整区　第2类居住区
　　　　日本《建筑基本法》第22条规定地区
道路宽度：东7.8 m　西12.0 m　南9.5 m
　　　　北7.0 m
停车辆数：75辆

结构

主体结构：行政办公楼：钢筋混凝土结构
　　　　部分为钢架钢筋混凝土结构（防震）
　　　　公民馆：钢筋混凝土结构　部分为钢架
　　　　结构
　　　　保健咨询中心：钢筋混凝土结构
桩·基础：行政办公楼：混凝土灌注桩　全套
　　　　管施工法
　　　　公民馆·保健咨询中心：长螺旋钻孔灌
　　　　注桩

设备

环境保护技术
太阳能发电设备　雨水·生活废水循环利用
　LED照明　百叶窗·遮阳露台
PAL（性能标准·规格标准）：
　行政办公楼：238.3MJ/m²（性能）

　公民馆：296.1MJ/m²（性能）
　保健咨询中心：100MJ/m²（规格）
空调设备
空调方式：EHP方式（礼堂除外）　GHP（礼堂）
热源：电力·城市天然气
卫生设备
供水：加压水泵供水方式（增压泵供水）
热水：电力热水器局部方式
排水：室内：污水·生活用水分流式排水方式
　　　室外：污水·生活用水合流式排水方式
电气设备
受电方式：高压受电方式
设备容量：775 kVA
预备容量：225 kVA
防灾设备
防火：室内用消火栓设备
排烟：自然排烟
其他：应急用发电设备　防灾照明设备　紧急
　　　广播设备　自动火警预报设备　避雷针
　　　设备
升降机：乘用电梯×1台
特殊设备：移动式看台（KOTOBUKI –SEATING）
　　　　　抗震装置（BRIDGESTONE）

工期

基本设计：2012年8～10月
设计期间：2012年11月～2013年3月
施工期间：2013年9月～2015年7月

工程费用

建筑：1 607 000 000日元（税后）
空调·卫生：326 000 000日元（税后）
电力：216 000 000円（税后）
总工费：2 139 000 000日元（税后）

外部装饰

屋檐：大关化学工业
外壁：菊水化学工业　大日技研工业

主要器械

卫生器械：TOTO
厨房：PANASONIC
照明：DN LIGHTING　远藤照明　KOIZUMI
　　　照明　PANASONIC
播音：TOA
空调：大金工业

利用向导

开放时间：
　行政办公楼·保健咨询中心：8:30～17:15
　中央公民馆：9:00～22:00
休息时间：
　行政办公楼·保健咨询中心：周六·周
　日·节假日·日本新年前后两天
　中央公民馆：日本新年前后两天
电话：行政办公楼电话：058–247–1331

川原田康子（KAWAHARADA·YASUKO）
1964年出生于山口县/1987
年毕业于早稻田大学理工学
院建筑学系/1987年～1998
年就职于长谷川逸子·建筑
策划工作坊/1999年～2004
年担任Kwhg Architects主要负责人/2005年至
今担任Kwhg Architects董事代表

比嘉武彦（HIGA·TAKEHIKO）
1961年出生于冲绳县/1986
年毕业于京都大学工学院建
筑学系/1986年～2004年
任职于长谷川逸子·建筑策
划工作坊/2005年至今担任
Kwhg Architects董事代表

施工场景。公民馆屋檐顶部钢柱与钢筋混凝土梁（600 mm×250 mm）接合过程

开放后举办活动的场景。游廊长椅上可小憩，大厅内可举办各种活动，功能完备

● 向导图登陆新建筑在线
http://bit.ly/sk1703_map

所在地：山形县米泽市中央1
主要用途：图书馆　画廊
主建方：米泽市

设计

建筑：山下设计
建筑负责人：安田俊也　赤泽大介
中川千岁＊（＊原职员）
结构负责人：丸谷周平　樱井优贵
电力负责人：小田切哲志　北村健司
设备负责人：松村佳明

施工

建筑：金子·纲代·白井特定建设企业联营体
负责人：驹形行洋
空调·卫生：黑泽·情野特定建设企业联营体
电力：东北电化·TAKAHASI电工特定建设企业联营体

规模

用地面积：3217.92 m²
建筑面积：2703.34 m²
使用面积：6193.27 m²
1层：2574.24 m²/2层：2418.34 m²
3层：509.35 m²/4层：376.64 m²
5层：314.7 m²
建蔽率：84.01 %（容许值：100 %）
容积率：178.42%（容许值：400 %）
层数：地上5层

尺寸

最高高度：19 770 mm
房檐高度：18 760 mm
层高：1层：5370 mm/2层：3300 mm
3~4层：3000 mm/5层：4250 mm
顶棚高度：开架阅览室：13200 mm
5300 mm　2800 mm
画廊：4490 mm　3300 mm

用地条件

地域地区：商业区　防火地区
道路宽度：东15.9 m　西8.7 m　南19.8 m

结构

主体结构：钢筋混凝土结构　部分钢架结构

桩·基础：采用深层混合处理工法进行地基改良后上直接基础

设备

环境保护设备

外断热工法　采用产地米泽的柳杉材料
t=100 mm　家用型空调　自然采光
太阳能发电设备　LED照明　有机EL照明
PAL160MJ/（m²/年）

空调设备

空调方式：空冷热泵式空气调节器　直膨式空调机组（部分）

卫生设备

供水：自来水管道直接增压方式
热水：电热水器局部方式
排水：重力排水方式

电力设备

供电方式：3φ3 W6.6 kV　一次线供电
设备容量：950 kVA（1φ150 kVA，3φ800VA）
额定电力：305 kVA
太阳能发电设备：10 kVA

防灾设备

防火：室内消防栓　干粉灭火器（珍本库）
排烟：自然排烟
升降机：乘用液压式（荷载13人）
乘用钢丝绳式（荷载9人）

工期

设计期间：2011年11月~2013年6月
施工期间：2013年9月~2016年3月

工程费用

建筑：2 141 583 120日元
空调·卫生：382 750 320日元
电力：302 619 360日元
总工费：2 904 380 352日元

外部装饰

屋顶：田岛制顶
外墙：越井木材
入口：LIXIL
外部结构：东京砖瓦

内部装饰

开架阅览室

顶棚：吉野石膏

谈话室

地面：东亚KORUKU

珍本库

地面：TORI

画廊

地面：宇部兴产
顶棚：TAKIYA

办公室（包括画廊办公室）

地面：TORI

图书馆家具

书架：KIHARA
柜台：KIHARA
可移动展板（画廊）：AKIRESU

利用向导

开放时间：9:00~20:00
休息时间：图书馆：每月第四个周四
门票：免费
电话：0238-22-6400

安田俊也（YASUDA·TOSIYA）
1959年出生于千叶县/1981年毕业于早稻田大学理工学院建筑系，之后就职于山下设计/目前担任山下设计首席建筑师

赤泽大介（AKAZAWA·DAISUKE）
1973年出生于新潟县/1996年毕业于东北大学工学院建筑系/1999年取得东北大学工学研究专业（建筑方向）硕士学位，入职山下设计/目前担任山下设计第二设计部主管

墙壁结构系统。外围区同屋顶钢架接口处采用铰链接合

同挑空区域的开架阅览室相邻的珍本库

2层为谈话室

使用了柳杉板（t=100 mm）的外断热工法

Nifco YRP Laboratory Buildings（项目详见第22页）

所在地：神奈川县横须贺市
主要用途：实验设施
主建方：Nifco

设计

竹中工务店
　建筑负责人：高桥一哉　越野达也
　结构负责人：石川智章　大木克清
　　田井畅　林裕真
　设备负责人：野原聪哲　阪口洋
　　三岛广之
　技术负责人：石井弘一　佐藤敏之
　　井上和政　小川亚希子
　监理负责人：室屋哲也　长野敏博

纺织品设计
Studio Akane Moriyama
　负责人：森山茜

施工

建筑：竹中工务店
　所长：清水亨
　建筑负责人：立川一男　石田笃芳
　设备负责人：永松刚史
空调：高砂热学工业　负责人：山口遥一
卫生：Ergotech　负责人：并木年幸
电力：Kinden　负责人：岛田雄一

规模

用地面积：15918.65 m²
建筑面积：2050.49 m²
使用面积：1689.38 m²
1层：1689.38 m²
建蔽率：27.493 %（容许值：60%）
　※包含现有建筑物
容积率：86.471%（容许值：200%）
　※包含现有建筑物
层数：地上1层

尺寸

最高高度：4030 mm（风的通道）
房檐高度：3859 mm（风的通道）
层高：休息厅：4030 mm
顶棚高度：休息厅：3500 mm
主要跨度：1800 mm

用地条件

地域地区：城市计划区域内（市街化区域）
　第2种高度地区
道路宽度：西12 m
停车辆数：105辆

结构

主体结构：钢架结构　部分钢筋混凝土结构
桩·基础：布基础

设备

环境保护设备
Low-Eglass　自然换气系统　LED照明

空调设备
空调方式：防验栋：外机+通风盘管装置
　实验栋：外气处理空调+大楼内多组空
　调系统
　"风的通道"：柜式空调
热源：防爆栋：空冷热泵组件制冷机

卫生设备
供水：水槽方式
热水：电热水器局部方式
排水：分流式（污水排水·雨水）

电力设备
供电方式：一次线供电
设备容量：1550 kVA
额定电力：600 kVA（估算）

防灾设备
防火：惰性气体灭火设备（实验楼内危险物品
　仓库）　消防栓

排烟：自然排烟
其他：特殊照明　火灾自动报警装置

特殊设备

特殊气体设备　HC中心设备　安全设备
　压缩空气设备　水景设备

工期

设计期间：2014年5月~2015年9月
施工期间：2015年10月~2016年7月

外部装饰

屋顶：A-yamade

内部装饰

地面：J&P
顶棚：日丸产业　sk-kaken化研

主要使用器械

照明：照明系统

越野达也（KOSINO·TATSUYA）
1982年出生于神奈川县／2006年毕业于东京都立大学工学院建筑系／2008年取得首都大学东京研究生院硕士学位后入职竹中工务店／目前就职于东京总部设计部第2部门设计3组

田井畅（TAI·TOORU）
1985年出生于泰国曼谷／2008年毕业于京都大学工学院建筑系／2010年取得京都大学硕士学位后入职竹中工务店／目前就职于印度尼西亚分部

佐藤敏之（SATO·TOSHIYUKI）
1959年出生于北海道／1983年毕业于室兰工业大学工学院建筑系／1985年取得同大学硕士学位后入职竹中工务店／目前就职于东京总部技术部建筑技术组

KAMOI加工纸胶带纸新仓库（项目详见第30页）

所在地：冈山县仓敷市
主要用途：仓库
所有人：KAMOI加工纸

设计

建筑：武井诚+锅岛千惠/TNA
　负责人：武井诚　锅岛千惠　田中惠
　　土佐谷勇太
结构：满田卫资结构规划研究所
　负责人：满田卫资　海野敬亮

施工

藤木工务店仓敷支店
　负责人：滨川信行　笠木宪二
钢架工程：森山工业　负责人：森山佑介
金属门窗工程：三和SHUTTER工业
　负责人：辻史志
电力设备工程：中电工　负责人：德田秀明

规模

用地面积：25 362.00 m²
建筑面积：11 272.53 m²
使用面积：11 385.02 m²
胶带纸新仓库面积：468.36 m²
建蔽率：44.45%（容许值：60%）
容积率：44.89%（容许值：200%）
层数：地上1层

尺寸

最高高度：5630 mm
房檐高度：5430 mm
顶棚高度：5430 mm

主要跨度：1525 mm×3150 mm

用地条件

地域地区：日本《道路基本法》第22条规定
　区域
道路宽度：东4 m　西4 m　南4 m

结构

主体结构：钢架结构
桩·基础：改良地基的直接基础

设备

空调设备
换气方式：局部机器换气+自然换气

防灾设备
灭火设备：灭火器

工期

设计期间：2015年12月~2016年7月
施工期间：2016年8~12月

主要使用器械

制造五金（插座盒·防碰撞细杆）：谷川工业

负责人：谷川理　镰坂博贵
聚碳酸酯：KIN
负责人：Yaron Mishly

武井诚（TAKEI·MAKOTO/左）
1974年出生于东京都／1997年毕业于东海大学工学系建筑专业／1997年成为东京工业大学研究生院塚本由晴研究室研究生+Atelier Bow-Wow/1999年就职于手塚建筑研究所／2004年成立TNA/2012年修完东京大学研究生院工学系研究科建筑专业博士课程

锅岛千惠（NABESHIMA·CHIE/右）
1975年出生于神奈川县／1998年于日本大学生产工学院建筑工学专业毕业后，就职于手塚建筑研究所／2004年成立TNA

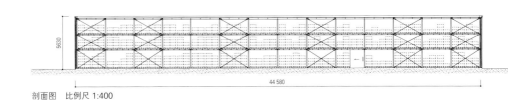

剖面图　比例尺 1:400

河口湖虎之子托儿所（项目详见第38页）

所在地：山梨县南都留郡富士河口湖町
主要用途：托儿所
主建方：医疗法人社团 青虎会

设计

建筑·监理：山下贵成建筑设计事务所
　　　　　负责人：山下贵成
结构：佐佐木睦朗结构设计研究所
负责人：平岩良之
设备：Y.T.
壁画：mirokomachiko
总协调：居住环境设计室ALoNa
　　　　　负责人：山下祐司
窗帘搭配：icon儿童研究会

施工

建筑：臼幸产业 负责人：芹泽雄太郎
空调·卫生：一水工业 负责人：高部梨绘
电气：THANKO电气 负责人：渡边俊介
木质主体结构：Shelter 负责人：渡司茂
　　　　　大泉亮辅 山科淳史
屋顶金属薄板：小泽建材
　　　　　负责人：萩田宗太郎 铃木光次
木工：石仓工务店 负责人：石仓三矢
窗帘：弘和 负责人：山内清晃 小坂进
造园：武井造园 负责人：武井公正

规模

用地面积：296.13 m²
建筑面积：177.24 m²
使用面积：170.66 m²
1层：120.91 m²（室内）
建蔽率：58.95%（容许值：60%）
容积率：57.63%（容许值：200%）
层数：地上1层

尺寸

最高高度：7300 mm
房檐高度：3750 mm
顶棚高度：托儿室：2300 mm ～3600 mm
　　　　　庭园：2775 mm ～7200 mm
主要跨度：9795 mm

用地条件

地域地区：第1类居住区 自然公园法（普通

区域） 富士河口湖町景观条例（市街
区·田园集落景观形成地域）
道路宽度：南6 m

结构

主体结构：钢架结构 部分为木质结构
桩·基础：板式基础

设备

空调设备

空调方式：独立空调
热源：风冷热泵变频多联式空调

卫生设备

供水：自来水管直接供水方式
热水：独立供水方式
排水：杂排水合流方式

电气设备

受电方式：低压受电1φ3 W式
设备容量：24 kVA
额定电力：24 kVA
其他：电气式地暖设备 融雪设备

工期

设计期间：2015年6月～2016年2月
施工期间：2016年3～10月

主要使用器械

幼儿卫生用具：TOTO
幼儿洗手台面：ABC商会
洗手器·迷你厨房：sanwacompany.
单水龙头·混合水龙头：KAKUDAI
照明器具：DAIKO
空调机器：DAIKIN

山下贵成（YAMASHITA·TAKASHIGE）

1980年出生于福冈县/2002年毕业于东海大学工学院建筑专业/2005年修完东京艺术大学研究生院美术研究科硕士课程/2005年～2015年就职于SANAA/2015年成立山下贵成建筑设计事务所/2016年至今担任东海大学外聘讲师

胶带纸 CASA 小屋

在各个区域介绍商品的移动式铁板小屋。

左上：内部是KAMOI加工纸第三搅拌工厂史料馆。左侧是KAMOI加工纸第二工厂仓库。仓库前方就是小屋。小屋是6 mm厚的铁板熔接（一部分是丙烯酸）之后实施隔热涂装建成的。大小是2800 mm×2800 mm×2075 mm。总重量是1500 kg。可移动到各个区域进行安装。

　　　　（负责人：飞田和真）

左下：移动的小屋。小屋的尺寸设为不需要根据道路交通法进行申请的尺寸，直接放在卡车上移动、设置。

右：小屋内部可根据不同的胶带纸改变形状。小屋是到各个区域宣传的工具。

美术指导负责人是IYAMA设计所的居山浩二。

道路休息区 备后府中（项目详见第46页）

● 向导图登录新建筑在线
http://bit.ly/sk1703_map

所在地：广岛县府中市府川町230-1
主要用途：餐饮店　销售店铺
主建方：府中市
设计
建筑：Coelacanth K&H
　　负责人：工藤和美　堀场弘　村上康史
　　石仓瞳
结构：Arup
　　负责人：金田充弘　笹谷真通　樱井克哉
设备：Arup
　　机械负责人：菅健太郎　久木宏纪
　　电气负责人：向井一将　驹井洋介
照明：TUKI LIGHTING OFFICE
　　负责人：吉乐广敦
签名插图：HIRANOTOSHIYUKI
施工
建筑：道下工务店　负责人：萩原俊文
　　奥野和真
空调・卫生：三幸社・芦田水道（暂称）道路休
　　息区　机械设备企业联营体
负责人：半田圣了　芦田玄　大户丰充
电气：福山电业/TUSHIMA ELECTRIC（暂称）
　　道路休息区　机械设备企业联营体
　　负责人：南宏幸　田坂悟志
钢架制作：矢鸠　负责人：原哲治　关雅之
　　青木和己　武藤一
木质框架供应・预切：Shelter
　　负责人：设乐浩次
各种日常用具：土井木工
家具：土井木工　松创+高桥工艺　若叶家具

粗纹斜布暖帘：牛仔布规划工房/YASUDA
备后碎纹织布暖帘：橘高兄弟商会
规模
用地面积：1470.99 m²
建筑面积：822.30 m²
使用面积：772.82 m²
建蔽率：55.90%（许可值：80%）
容积率：52.53%（许可值：400%）
层数：地上1层
尺寸
最高高度：4803 mm
房檐高度：3493 mm
顶棚高度：餐厅：2735 mm～4665 mm
　　产地直销市场：2585 mm～4135 mm
主要跨度：3600 mm × 6000 mm
用地条件
地域地区：商业地区　日本《道路基本法》第
　　22条规定区域
道路宽度：西7.0 m～78.9 m　北5.1 m～7.1 m
结构
主要结构：钢架结构
桩・基础：独立基础　条形基础
设备
空调设备
空调方式：风冷热泵变频多联式空调
热源：电气
卫生设备
供水：自来水管直接供水方式
热水：局部热水方式
排水：分流方式
电气设备
受电方式：高压受电方式
设备容量：250 kVA

防灾设备
防火：灭火器　自动火灾报警设备
排烟：自然排烟
工期
设计期间：2014年12月～2015年12月
施工期间：2015年12月～2016年8月
利用向导
开放时间：9:00～17:00
休息时间：星期三
电话：0847-54-2300

工藤和美（KUDO・KAZUMI）
1960年出生于鹿儿岛县/1985年毕业于横浜国立大学建筑专业/1986年与他人共同成立Coelacanth/1987年修完东京大学研究生院硕士课程/1991年修完同校研究生院博士课程/1998年改组为Coelacanth K&H/现任东洋大学建筑专业教授

堀场浩（HORIBA・HIROSHI）
1960年出生于东京都/1983年毕业于武藏工业大学（现为东京都市大学）建筑专业/1986年修完东京大学研究生院硕士课程后，与他人共同成立Coelacanth/1998年改组为Coelacanth K&H/现任东京都市大学教授

新丰洲Brillia运动场（项目详见第54页）

● 向导图登录新建筑在线
http://bit.ly/sk1703_map

所在地：东京都江东区丰洲6-4-2
主要用途：运动训练场
主建方：太阳工业　东京建物（冠名权）
设计・监理：
建筑：E.P.A环境变换装置建筑研究所
　　负责人：武松幸治　米司康　宇佐见盛二
结构：KAP
　　负责人：荻生田秀之　梅原智洋
　　太阳工业　负责人：喜多村淳
施工
建筑：中央建设　负责人：伊藤直治
房檐ETFE：太阳工业　负责人：高井研
照明：Sorrel　负责人：栗原一寿
规模
用地面积：4845.69 m²
建筑面积：1746.32 m²
使用面积：1713.77 m²
1层：1713.77 m²
建蔽率：36.03%（许可值：60%）
容积率：35.36%（许可值：200%）
层数：地上1层
尺寸
最高高度：8500 mm
房檐高度：7794 mm
顶棚高度：跑道：7300 mm
　　假肢调整室：2700 mm
主要跨度：16 275.4 mm × 2000 mm
用地条件
地域地区：工业地区　防火地区
道路宽度：东50 m

停车辆数：34辆
结构
主体结构：钢筋混凝土结构　部分钢架结构
　　木结构
桩・基础：直接基础
设备
空调设备
空调方式：空气热泵方式
热源：电力・瓦斯
卫生设备
供水：自来水管直接供水方式
热水：瓦斯方式
排水：连接公共下水道
工期
设计期间：2014年12月～2016年6月
施工期间：2016年6月～2016年11月
工程费用
建筑：350 000 000日元
空调：6000 000日元
卫生：18 000 000日元
电力：34 000 000日元
总工费：449 000 000日元
外部装饰
房檐：AGC旭硝子　太阳工业
内部装饰
木制龙骨：齐藤木材
跑道：长谷川体育设施
CLT隔板：山佐木材　铭建工业
主要使用器械
卫生机器：松下
浴室供暖烘干机：东京瓦斯
利用向导
开放时间：9:00～21:00
休馆日：一月一次（官网通知）

门票：成人800日元　学生・残疾人500日元
电话：03-5144-0404（代表）

武松幸治（TAKEMATSU・YUKIHARU）
1963年出生于长崎县/1986年毕业于多摩美术大学美术学院建筑专业/1987年就职于UNITES设计策划事务所/1988年参加城市建筑Workshop London AA School Summer Seminar /1991年成立环境变换装置建筑研究所（EPA）

上：假肢调节室/下：存放柜

绫濑基板工厂 (项目详见第60页)

●向导图登录新建筑在线
http://bit.ly/sk1703_map

所在地：神奈川县绫濑市大上1-6-17
主要用途：事务所
主建方：YK电子

设计

建筑：浜田晶则建筑设计事务所
  负责人：浜田晶则　斋藤辽
结构：小西泰孝建筑结构设计
  负责人：小西泰孝　圆酒昂
照明：SIRIUS LIGHTING OFFICE
  负责人：户恒浩人　远矢亚美
外部：SfG landscape architects
  负责人：大野晓彦
环境：DE.lab

施工

建筑：大同工业　负责人：东本晓　蛭川哲孝
空调·卫生：见上综合设备
电力：ASHIN

规模

用地面积：278.25 m²
建筑面积：182.4 m²
使用面积：290.88 m²
1层：116.64 m²/2层：174.24 m²
建蔽率：65.55%（容许值：70%）
容积率：104.54%（容许值：200%）
层数：地上2层

尺寸

最高高度：9115 mm
房檐高度：8835 mm
层高：1层：4045 mm
顶棚高度：1层：3875 mm
主要跨度：10 800 mm × 10 800 mm

用地条件

地域地区：工业地区
道路宽度：东4.478 m　北4.1 m
停车辆数：20辆

结构

主体结构：木质结构

桩·基础：布基础

设备

空调设备

空调方式：导管方式
热源：热泵

卫生设备

供水：自来水管直接供水方式
热水：局部热水方式
排水：直流方式

电力设备

受电方式：低压入户
额定电力：20kVA

防灾设备

防火：灭火器
排烟：自然排烟

工期

设计期间：2014年1月~2016年12月
施工期间：2016年6月~2017年2月

浜田晶则（HAMADA·AKINORI）

1984年出生于富山县/2010年毕业于首都大学东京建筑城市学科/2012年修完东京大学研究生院硕士课程/2012年与他人成立studio_01/2014年成立浜田晶则建筑设计事务所/2014年起作为合伙人加入teamLab Architects/2014年起任日本大学外聘讲师

斋藤辽（SAITO·RYO）

1987年出生于冈山县/2010年毕业于横滨国立大学工学院建筑学科/2015年修完东京大学研究生院硕士课程/2015年起就职于浜田晶则建筑设计事务所

连接部分详图

2层梁高处视角

空调计划分为居住层与环境层

该建筑可根据门窗调整空间大小，立体桁架连接整个空间。由于顶棚高，因此普通的由顶棚吹风的空调计划不适用于该建筑。因此将空调计划分为居住层与环境层两种。为使空气在同一龙骨内循环，分别在地面设置吹出口和吸入口，仅对居住层进行送风。通过这一计划，节省了设备维修费用，性价比高且舒适宜人。

（浜田晶则）

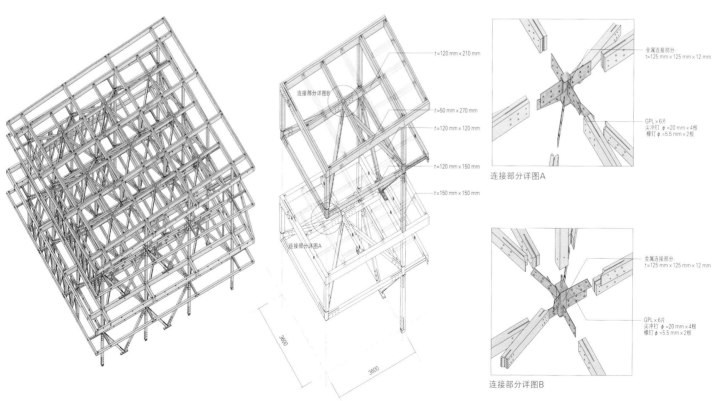

构造图

结构单元件

t=120 mm × 210 mm
连接部分详图B
t=50 mm × 270 mm
t=120 mm × 120 mm
t=120 mm × 150 mm
连接部分详图A
t=150 mm × 150 mm

金属连接部分
t=125 mm × 125 mm × 12 mm

GPL×6片
尖冲钉 φ=20 mm×4根
橡钉 φ=5.5 mm×2根

连接部分详图A

金属连接部分
t=125 mm × 125 mm × 12 mm

GPL×6片
尖冲钉 φ=20 mm×4根
橡钉 φ=5.5 mm×2根

连接部分详图B

司化成工业筑波技术中心（项目详见第68页）

●向导图登录新建筑在线
http://bit.ly/sk1703_map

所在地：茨城县筑波市野堀476-12
主要用途：事务所　研究所
主建方：司化成工业

设计
建筑·监理：吉松秀树＋ARCHIPRO
　负责人：吉松秀树　前田道雄
结构：山田宪明结构设计事务所
　负责人：山田宪明　杉本将基
设备合作：YMO　负责人：山田浩幸
照明：BONBORI光环境计划
　负责人：角馆正英　竹内俊雄
开发计划：节奏建筑计划

　负责人：林藤男　木村卓司
施工
建筑：常盘建设
　负责人：寺田修　原卓也　小笠原泰
空调·卫生：三协设备　负责人：本下功
电力：协进建设　负责人：池田博昭
木工程：MOCHIMARU
　负责人：桥本晃一　雨见直树
涂饰工程：桧山化研　负责人：横山洋治
铝制门窗安装工程：酒井工业　负责人：对马启
　YKK AP　负责人：柿沼贵幸
外部木制门窗安装工程：NORD
　负责人：三上将
木制门窗安装工程：桥本门窗店
　负责人：桥本雅弘

玻璃安装工程：霜村硝子　负责人：霜村幸彦
五金工程：富善　负责人：张元政治
家具工程：WATANABE制作所
　负责人：渡边浩二
防水工程：柳泽工业　负责人：外塚真二
金属板工程：赤阪钣金工业　负责人：赤阪史生
氯乙烯地板工程：MORI INTERIOR　负责
　人：森隆
栽植工程：不二造园土木　负责人：涉谷浩一
规模
用地面积：7966.41 m²
建筑面积：353.44 m²
使用面积：328.96 m²
尺寸
最高高度：5750 mm

房檐高度：5200 mm
顶棚高度：4050 mm ~ 4257 mm
主要跨度：10 400 mm×10 400 mm
用地条件
地域地区：市街化调整区域
道路宽度：西4 m　南4 m　北12 m
停车辆数：41辆
结构
主体结构：传统木结构梁柱工法
基础：钢筋混凝土结构＋钢筋结构　独立基础
设备
空调设备
空调方式：空冷热泵空调方式
热源：电力
卫生设备

KUZUMI电子工业藤泽新厂房扩建工程（项目详见第76页）

●向导图登录新建筑在线
http://bit.ly/sk1703_map

所在地：神奈川县藤泽市弥勒寺109-1
主要用途：办公室　工厂
主建方：KUZUMI电子工业

设计·监理
建筑：安井雅裕建筑研究所
　负责人：安井雅裕　山尾宏
结构：Arup（增建部分）
　负责人：屈谷真通　伊藤润一郎
　TOKUTEKKU建筑设计事务所（原有部
　分）
　负责人：德安义纪
设备：Arup
　负责人：菅健太郎　久木宏纪
　江口祐美　荻原克奈惠
施工
建筑：加和太建设
　负责人：河田考平　铃木庆伸
　三须大地
空调·卫生：永光机械技术
电力：长谷川电机
规模
用地面积：1994.08 m²
建筑面积：1196.41 m²
使用面积：2999.72 m²
1层：1178.41 m²/2层：908.70 m²
3层：912.60 m²
建蔽率：59.99%（容许值：60%）
容积率：149.37%（容许值：200%）
层数：地上3层
尺寸
最高高度：12 950 mm
顶棚高度：12 500 mm
层高 1层：3800 mm/2层：3000 mm
　3层：2925 mm
顶棚高度：1层：3690 mm/2层：2890 mm
　3层：2865 mm
主要跨度：7200 mm×11 030 mm
用地条件
地域地区：工业专用地区　防火地区
道路宽度：南6000 mm

停车辆数：11辆
结构
主体构造：钢架结构
桩·基础：独立基础
设备
空调设备
空调方式：空冷热泵空调
热源：电力
卫生
供水：自来水管直接供水方式
热水：局部热水方式
排水：分流方式
电力设备
供电方式：高压1次线供电
设备容量：500 kVA
预备电源：紧急发电机60 kVA
防灾设备
防火：室内消防栓设备
排烟：机械排烟
其他：地中热交换槽（循环利用原有竖井槽）
工期
设计期间：2014年9月~2015年6月

施工期间：2015年7月~2016年1月
工程费用
建筑：238 480 000日元
空调：51 590 000日元

卫生：17 930 000日元
电力：63 260 000日元
总工费：465 000 000日元（不含税）

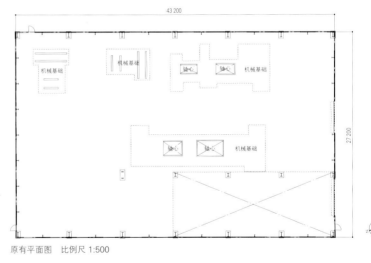

原有平面图　比例尺1:500

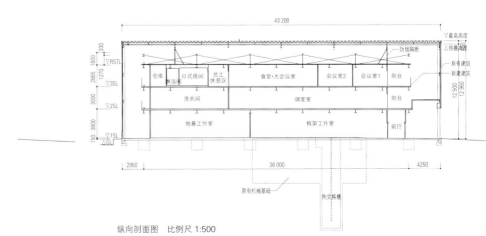

纵向剖面图　比例尺1:500

供水：自来水管直接供水方式
热水：局部热水方式
排水：净化槽方式

电力设备
受电方式：低压受电方式
设备容量：电灯30 kVA　动力29 kVA
额定电力：电灯30 kVA　动力29 kVA

工期
设计期间：2014年2月~2016年3月
施工期间：2016年4月~2016年11月

外部装饰
屋顶：TOYO防水工业
外墙：三菱树脂
甲板下方平台涂饰：TOYOMATERIA
开口部位：YKK AP　NORD 日本板硝子

吉松秀树（YOSHIMATSU・HIDEKI）

1958年出生于兵库县/1982年毕业于东京艺术大学美术学院建筑科/1984年修完东京大学研究生院硕士课程/1984年~1987年就职于矶崎新工作室/1978年~1991年成立archipro工作室/1995年成立A-Lab/1996年~2002年加入Art Sphere Haizuka/1998年担任东海大学建筑学科副教授/现任东海大学建筑学科教授、日本女子大学讲师

前田道雄（MAEDA・MICHIO）

1970年出生于神奈川县/1994年毕业于明治大学理工学院建筑学科/1996年修完同大学硕士课程/1996年至今就职于archipro工作室/2001年至今担任同公司管理建筑师/2004年至今担任明治大学客座讲师

北海道厅主厅厅舍抗震修建工程（项目详见第84页）

● 向导图登录新建筑在线
http://bit.ly/sk1703_map

所在地：北海道札幌市中央区北3条西6
主要用途：厅舍（抗震翻新）
主建方：北海道

设计

竹中公务店：
　建筑负责人：本井和彦　石本一树
　　　　　　　西田达生*（*原职员）
　结构负责人：有竹刚　山本章起久
　设备负责人：宫本一英　渡边启生

DOOKON
　建筑负责人：齐藤文彦　盐川友康
　结构负责人：谷川荣治　山本智之
　监理负责人：齐藤文彦　盐川友康
　　　　　　　渡边克实　木原学

施工

建筑：竹中公务店・丸彦渡边建设・田中组
　　　竹中公务店
　建筑负责人：三浦裕悦　鹿野护
　　　　　　　西条泰史
　空调卫生负责人：四宫俊二
　电力负责人：小原周平

规模
用地面积：12 476.02 m²
建筑面积：3585.78 m²
使用面积：57 563.21 m²
1层：2533.42 m²/2层：2111.68 m²
阁楼：781.30 m²
标准层：3481.56 m²
建蔽率：28.74%（容许值：100.00%）
容积率：461.39%（容许值：700.00%）
层数：地下2层　地上12层　阁楼3层

尺寸
最高高度：43 550 m
顶棚高度：42 800 mm
阁楼高度：53 100 mm
层高：3500 mm
顶棚高度：2600 mm
主要跨度：6300 mm × 6300 mm

用地条件
地域地区：商业地区　防火地区　配备停车场

地区　景观设计区域
道路宽度：东27.20 m　北20.00 m

结构
主体结构：钢架钢筋混凝土结构
桩・基础：直接基础

设备

环境保护技术
更新外调机加入全热交换器　LED照明　中间抗震层
CASBEE：改建A【CASBEE RNb_2010（v.1.4）】
PAL：362.1/MJ/m²年（建设时超过标准值300）
CEC/AC：1.31　CEC/V：0.96　CEC/L：0.39（改建部分）

空调设备
热源：开放型定流方式改为密闭型变流方式
　　　单用冷冻机方式改为二重效用方式
空调机类：采用高效插头电扇
　　　　　采用高效泵

卫生设备
供水：高架水槽方式向加压供水方式转变
　　　采用高效泵

电力设备
供电方式：改为开放型箱式变电站

工期
设计期间：2013年3月~2014年2月
施工期间：2014年2月~2016年1月

安井雅裕（YASUI・MASAHIRO）

1960年出生于奈良县/1986年毕业于东京都立大学工学院建筑学科/1988年修完同大学研究生院硕士课程/1993年成立安井雅裕建筑研究所

伊藤润一郎（ITO・JUNICHIRO）

1977年出生于岐阜县/2001年毕业于东京电机大学工学院建筑学科/2003年修完同大学研究生院硕士课程/2003年~2005年就职于结构设计集团/2005年~2012年就职于Arup Japan/2013年就职于Arup Hong Kong/2013年至今就职于Arup Japan

本井和彦（MOTOI・KAZUHIKO）

1964年出生于北海道/1986年毕业于北海道大学工学院建筑工学科/1988年修完北海道大学研究生院工学研究科硕士课程/之后加入竹中工务店/现就任同公司北海道分店设计组组长

宫本一英（MIYAMOTO・KAZUHIDE）

1968年出生于北海道/1991年毕业于室兰工业大学工学院建筑工学科/之后加入竹中公务店/现就任同公司北海道分店设备组组长

有竹刚（ARITAKE・TSUYOSHI）

1969年出生于神奈川县/1992年毕业于横滨国立大学工学院建筑学科/1994年修完同大学研究生院工学研究科研究生课程/之后加入竹中公务店/现任同公司北海道分店结构组组长

山梨文化会馆抗震改建计划（抗震翻新）项目详见第90页

● 向导图登录新建筑在线
http://bit.ly/sk1703_map

所在地：山梨县甲府市北口2-6-10
主要用途：事务所 演播室 餐饮店
主建方：山梨文化会馆

设计

建筑·监理：丹下都市建筑设计
　　负责人：丹下宪孝　木村知弘
　　　　　　堀江岳彦　村本等
结构：织本构造设计
　　负责人：中泽昭申　小林光男　宫崎润
设备：建筑设备设计研究所
　　负责人：西冈刚　须贺荣治
　　　　　　山本祐司*（*原职员）

施工

建筑：三井住友建设东京建筑分店
　　负责人：菅原伸一　北泽基至　谷垣启司
空调·卫生：日立成套设备服务
电力：关电工

规模

用地面积：3858 m²
建筑面积：3091 m²
使用面积：21 883 m²
地下1层：2292 m²
1层：2301 m²/2层：2284 m²
阁楼层：139 m²~292 m²

标准层：2023 m²~2049 m²
建蔽率：80.14%（许可值：100%）
容积率：561.5%（许可值：600%）
层数：地下2层　地上8层　阁楼3层

尺寸

最高高度：30 960 mm
顶棚高度：30 735 mm
层高：办公室：3640 mm
顶棚高度：办公室：2500 mm
主要跨度：17 375 mm × 15 290 mm

用地条件

地域地区：商业地区　防火地区　甲府站北口
　　　　　周边地区
道路宽度：东8 m　西17 m　南22 m　北6 m
停车辆数：22辆

结构

主体结构：钢筋混凝土结构　部分钢架钢筋混
　　　　　凝土结构
桩·基础：直接基础

设备（沿用原有设备）

空调设备：
空调方式：单一管道方式
热源：冷温水处理机
卫生设备：
供水：高架水槽方式
热水：独立供热水（部分中央供热水）方式
排水：合流方式

电力设备：
供电方式：高压3φ3W式
设备容量：3650 kVA
预备电源：自家用发电机　碱电池

防灾设备

防火：屋内消防栓设备　自动洒水灭火装置
　　　二氧化碳灭火装置
排烟：机械排烟　自然排烟
其他：自动火灾报警设备　引导灯设备
升降机：乘用电梯×3台　货梯×2台

工期

设计期间：2014年5月~2015年3月
施工期间：2015年6月~2016年12月

主要使用器械

抗震装置：直动滚筒支承CLB（抗震器械）
　　　　　锡插头插入式支承SnRB（面震器械）
　　　　　天然橡胶系多层橡胶支承NRB（昭和电
　　　　　线技术）

丹下宪孝（TANGE·NORITAKA）

1958年出生于东京都/1985年毕业于哈佛大学研究生院建筑学专门课程/1985年~2003年就职于丹下健三·都市·建筑设计研究所/1985年~1986年借调到日本建设省厅/2003年成立丹下都市建筑设计/现任同公司会长

抗震装置

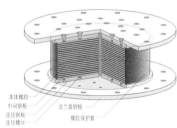

天然橡胶系多层橡胶支承（NRB）×16基

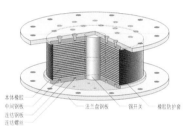

锡插头插入式支承（SnRB）×20基

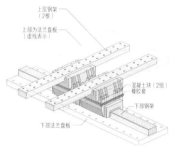

直动滚筒支承（CLB）×32基

X形基础抗震作业。左上：添加直动滚筒支承（CLB）作业/左下：起重机落下转移柱轴力/右：抗震化作业成果

HOTEL NEW GRAND主楼 抗震改建工程（项目详见第98页）

（项目详见第98页）

● 向导图登录新建筑在线
http://bit.ly/sk1703_map

所在地：神奈川县横滨市中区山下町10
主要用途：酒店
主建方：酒店　NEW GRAND
设计・监理
清水建筑：
　　建筑负责人：五之井浩二　加藤荣一郎
　　　　松田大
　　结构负责人：松原正芳　高桥正美
　　设备负责人：清水洋　町泽真一朗
　　　　牛山章子
施工
建筑：清水建设横滨分公司
　　所长：北泽俊太郎
　　顶棚加固负责人：横山笃
　　抗震加固负责人：胜亦公三
　　设备负责人：上山晃
空调：高砂热学工业
卫生：第一设备工业
电力：共荣社
升降机：东芝电梯　三菱BUILDING TECHNO-
　　SERVICE
规模
用地面积：5005.600 m²
建筑面积：2481.613 m²
使用面积：9994.602 m²
1层：2481.633 m²/2层：2490.191 m²
M3层：532.045 m²/3层：1543.513 m²
4层：1423.920 m²/5层：1364.554 m²
顶层：158.746 m²
层数：地上6层　塔楼1层
尺寸
最高高度：23 040 mm
层高：1～3层：3180 mm/2层：3030 mm
　　M3层：3333 mm/4层：3180 mm
　　5层：3363 mm
用地条件
地域地区：商业地域　防火地域
道路宽度：东7.953 m　西14.934 m
　　南10.952 m　北23.969 m
停车辆数：74辆

结构
主体结构：钢筋与钢筋混凝土结构+钢筋混凝
　　土结构　部分钢筋结构
桩・基础：直接基础
设备
环保技术
Cogeneration（同时发热发电）　发电机容量
　　350 kW
空调设备
空调方式：AHU+FCU以及冷暖型空调并用
热源：吸收式冷温水机组+炉筒烟管锅炉
卫生设备
供水：高架水槽方式+高压供水方式
热水：通过出水槽进行中央供水
排水：污水、杂排水合流式排水
电气设备
受电方式：高压受电
设备容量：4200 kVA
额定电力：830 kW
防灾设备
防火：自动洒水灭火装置
排烟：机械排烟
其他：紧急电源　自动火灾报警设备　引导灯
　　紧急播报设备等
升降机：乘用电梯×4台
工期
设计期间：2013年9月~2014年5月（1期工
　　程）
　　2014年10月~2015年12月（2期工程）
施工期间：2014年6月~2014年9月（1期工
　　程）
　　2016年1月~2016年10月（2期工程）
利用向导
http://www.hotel-newgrand.co.jp/
电话：045-681-1841（代）

入口台阶

加藤荣一郎（KATO・EIICHIRO）

1976年出生于神奈川县/
1990年毕业于东京理科大学
理工学院建筑系/1992年修完
同大学研究生院理工学研究
学院建筑系课程后，进入清
水建筑/现任公司设计总部商业・综合设施设计
部部长

松原正芳（MATUBARA・MASAYOSHI）

1961年出生于东京都/1984年
毕业于日本大学理工学院建
筑系/1986年修完东京工业大
学研究生院综合理工学研究
科社会开发工学专业课程之
后，进入清水建筑/之后先后就职于清水建筑原
子能总部设计部、设计总部设计部、环境・技术
解决总部、BCP・防灾对策部，现担任设计总部
设计技术部防灾组组长

熊本城天守阁重建复兴工程（项目详见第106页）

（项目详见第106页）

● 向导图登录新建筑在线
http://bit.ly/sk1703_map

所在地：熊本县　熊本市中央区本丸地内
主要用途：博物馆
主建方：熊本市
设计
大林组
　　建筑负责人：青柳道夫　清泽唯志
　　水元明子　佐佐木润一
　　结构负责人：江村胜　伊藤义弘
　　岸浩行　堂地利弘
　　设备负责人：和田一　中村通伸
　　冈本和树
施工
建筑：大林组
　　负责人：土山元治　黑木邦彦
规模
用地面积：526 900 m²
建筑面积：3068.3 m²

地下1层：713.38 m²
1层：1039.50 m²/2层：556.94 m²
建蔽率：44.45%（容许值：60%）
容积率：44.84%（容许值：200%）
层数：地下1层　地上6层
尺寸
最高高度：44 940 mm
房檐高度：38 890 mm
结构
主体结构：钢架钢筋混凝土结构
　　部分钢筋混凝土结构　钢筋结构
桩・基础：深层基础　部分直接基础
设备
环境保护技术
LED照明器具　节水型卫生器具　高效器具
　　全热交换器
空调方式：空冷热泵空调
卫生设备
供水：直接增压方式
热水：局部热水方式

排水：合流式排水
电气设备
受电方式：高压受电方式
防灾设备
防火：自动火灾报警设备　引导灯　紧急播报
　　设备　灭火器　可收纳型消防设备
　　避难工具
工期
设计期间：2016年12月~2018年3月（预计）
施工期间：2017年2月~2021年3月（预计）

清泽唯志（KIYOSAWA・TADASHI）

1963年出生于长野县/1987
年毕业于日本大学理工学院
建筑专业，之后就职于小林
组/现任同公司九州分公司设
计部部长

MARS ICE HOME（项目详见第112页）

所在地：火星
主要用途：卫星探查基地　住所
主建方：NASA（LANGLEY RESEARCH CENTER）
设计
建筑：CLOUDS ARCHITECTURE OFFICE/
　　　SPACE EXPLORATION
　　　ARCHITECTURE
　　　负责人：Clouds AO：
　　　OSTAP RUDAKEVYCH
　　　曾野正之　曾野祐子
　　　JEFFREY MONTES
　　　SEArch＋LLC：
　　　CHRISTINA CIARDULLO
　　　KELSEY LENTS
　　　MICHAEL MORRIS
　　　MELODIE YASHAR ASSOCIATES
结构・设备：NASA（LANGLEY RESEARCH
　　　CENTER）
　　　负责人：KEVIN KEMPTON
监理：NASA/CLOUDS ARCHITECTURE
　　　OFFICE/SPACE EXPLORATION
　　　ARCHITECTURE

施工
建筑：NASA
空调・卫生・电力：NASA
规模
用地面积：未定
建筑面积：150 m²
使用面积：200 m²
1层：85 m²/2层：115 m²
层数：地上2层
尺寸
最高高度：10 900 mm
层高：1层：2400 mm
　　　2层：2400 mm
顶棚高度：1层：2200 mm～2300 mm
　　　　　2层：2200 mm～3000 mm
主要跨度：直径12 000 mm（半球形）
结构
主体结构：膜结构　中心部：铝・合成
桩・基础：着陆艇底部
设备
环境保护技术
闭合循环系统
空调设备 ECLSS（环境控制生命维持系统）

热源：电源
卫生设备
供水：ISRU（当地资源利用）系统
热水：电力热源
排水：ECLSS
电气设施
供电方式：太阳能发电・MMRTG（原子能电池）
防灾设施
防火：ECLSS
工期
设计期间：2016年5月～（继续中）
施工期间：未定

Clouds Architecture Office
2010年曾野正之、OSTAP RUDAKEVYCH在纽约创立/2012年曾野正之、OSTAP RUDAKEVYCH成为Pratt Institute（普瑞特艺术学院）客座副教授/2015年在NASA Centennial Challenge火星居住设计国际大赛中获得优胜

SEArch＋（Space Exploration Architecture LLC）
2006年Yoshiko Sato在哥伦比亚大学建立，GSAPP Space Studio & SEArch。
（Christina Ciardullo，Kelsey Lents，Michael Morris，Melodie Yashar，副教授以及associate）/2015年Pratt Institute（Michael Morris）客座副教授（Melodie Yashar）NASA X–HAB/美国卡耐基梅隆大学助教（Christina Ciardullo）/2015年NASA Centennial Challenge火星居住设计国际竞赛中获得优胜（Clouds AO协作）/Parsons School of Design特聘教授（Michael Morris 1993年～）副教授（Kelsey Lents）

PROFILE

津村泰范（TUMURA・YASUNORI）
1972年出生于埼玉县/1995年毕业于东京大学工学院建筑专业/1997年修完同大学建筑学研究生课程/1997年～2003年进入降幡建筑设计事务所/2004年～2016年进入文化遗产保护计划协会/2013年至今担任千叶工业大学特聘讲师/2016年至今担任长冈造型大学副教授

小见山阳介（KOMIYAMA・YOSUKE）
1982年出生于群马县/2005年毕业于东京大学工学院建筑专业/2005年～2006年在慕尼黑工业大学留学/2007年修完东京大学研究生课程/2007年～2014年就职于Horden Cherry Lee Architects/2014年至今在EMRODO环境造型研究所任职/2015年成为前桥工科大学特聘讲师、东京大学T_ADS Technical Assistant/现在东京大学研究生院博士后课程在读

内海彩（UCHUMI・AYA）
1970年出生于群马县/1994年毕业于东京大学工学院建筑专业/1994年～2000年就职于山本理显设计工厂/2002年成立KUS/2011年设立NPO法人team Timberize/2014年成为东京电机大学特聘讲师

山代悟（YAMASHIRO・SATORU）
1969年出生于岛根县/1993年毕业于东京大学工学院建筑专业/1995年修完同大学建筑学研究生课程/1995年～2002年在槙综合计划事务所任职/2002年成为building landscape合伙人/2002年～2009年成为东京大学研究生院工学院研究科建筑专业副教授/现为大连理工大学建筑与艺术学院客座教授，日本女子大学、东京理科大学、东京电机大学特聘讲师

吉冈大藏（YOSHIOKA・DAIZO）
1997年进入建设省/2009年成为大臣官房技术调查科科长助理/2012年任关东地方整顿局甲府河川国道事务所所长/2014年任水管里・国土保全局防灾减灾对策调整官/2016年任大臣官房技术调查科环境安全・地理空间信息技术调整官

光井纯（MITUI・JYUN）
1955年出生于山口县/1978年毕业于东京大学工学院建筑专业/1978年～1982年就职于冈田新一设计事务所/1984年修完耶鲁大学建筑专业研究生课程/1984年～1992年就职于César Pelli & associate/1992年成立César Pelli & associate japan/1995年成立光井纯 & Associates建筑设计事务所/现为César Pelli & associate japan代表，光井纯 & associates建筑设计事务所代表表

柴田拓人（SHIBATA・TAKUTO）
1997年出生于兵库县/2013年考入兵库县立神户工业高等学校/现为同大学四年级学生

西村蓝（NISHIMURA・AI）
1999年出生于兵库县/2015年考入兵库县立神户工业高等学校/现在为同大学二年级学生

桥本伦琉（HASHIMOTO・MICHIRU）
1998年出生于三重县/2014年进入三重县立伊势工业高等学校/现为同大学三年级学生

Christian Schittich
1956年出生于德国/在慕尼黑工业大学学习建筑专业，之后作为建筑家做各种设计/1991年～1998年任《detail》杂志的责任编辑/1998年～2006年任该杂志主编/现在进行创作与编辑，作品被译成多国语言

石渡广一（ISHIWATARI・HIROKAZU）
1955年出生于东京都/1979年毕业于东京大学工学院建筑专业/1981年修完同大学研究生课程/1981年进入日本住宅公团（现UR都市机构）/2010年～任UR都市机构本社团地再生部长/2012年～同公司东日本都市再生总部长/2014年～任同公司理事/2015年～同公司理事长代理/2016年～同公司副理事长

干久美子（INUI・KUMIKO）
1969年出生于大阪府/1992年毕业于东京艺术大学美术学院建筑专业/1996年修完耶鲁大学建筑专业研究生课程/1996年～2000年就职于青木淳建筑策划事务所/2011年～2016年任东京艺术大学美术学院建筑专业副教授/现任横滨国立大学研究生院Y–GSA教授

飨庭伸（AIBA・SHIN）
1971年出生于兵库县/毕业于早稻田大学理工学院建筑专业/2007年～任首都大学东京副教授/致力于城市规划与城市重建/负责山形县鹤岗市、岩手县大船渡市、东京都世田谷区等地区的重建

浅子佳英（ASAKO・YOSHIHIDE）
1972年出生于兵库县/1995年毕业于大阪工业大学工学院建筑专业/2007年成立takaban事务所/现任日本大学特聘讲师

台中大都会歌剧院 （项目详见第116页）

●向导图登录新建筑在线
http://bit.ly/sk1703_map

所在地：中国台湾台中市西屯区惠来路二段
101号
主要用途：剧场 购物 餐饮 公园
主建方：中国台湾台中市政府
施工方：中国台湾台中市政府
设计·监理
建筑：伊东丰雄建筑设计事务所
　　负责人：伊东丰雄　泉洋子　东建男
　　古林丰彦　乡野正广　筱崎健一　藤江航
　　泽村圭介　水沼靖昭　筱崎弘之　伊藤淳
　　佐野健太　大贺淳史　池田耕三
　　山田有吾　青岛琢治　平山高康
　　前田健太郎　佛罗里安·布什　冈野道子
　　伊东美也　南俊允　孙豪聪　方薇雅
大矩联合建筑师事务所
　　负责人：杨逸咏　杨立华　许国胜
　　游惠贞　王健忠　张瑞娟　林柏钧
　　王喆　陈琦为　郑钰中　李佳穗　陈右妮
　　张菱晏　方尹萍　孙守礼　蔡惇旭
　　李志铭
结构：奥雅纳全球公司（伦敦）
　　负责人：金田充弘　Christian Deristians
　　Deirdre　O'Neill　藤井英二
　　奥雅纳先进技术与研究
　　负责人：Michael Willford　Peter Young
　　Lan Feltham　Brian Yu
　　Lisa Mattews　Arup Japan
　　负责人：尾关美纪　大泽祐介　永峻工程
　　负责人：谢绍松　张敬昌　丁丽麒
　　洪雅惠　纪伯谕　方嘉宏　曾志扬　邱圣雯
设备：竹中工务店
　　负责人：高井启明　迫博司　吉田真诚
　　林伸环控设计
　　负责人：林一声　徐尚祺
　　汉达电机技师事务所
　　负责人：詹启铨　李惠民
　　禾杰消防设备技师事务所
　　负责人：张文进　王承骏
　　京霖电机技师事务所
　　负责人：高瑞盟
剧场设计顾问：
　　日本大学理工学院建筑系　本杉省三
建筑音响：永田音响设计
　　负责人：福地智子　石渡智秋　服部畅彦
　　负责人：江维华　吴惠萍　陈以仑

江哲儒　林葳
一期工程：奥雅纳全球公司（日本）
　　负责人：松延晋　天野裕
照明：冈安泉照明设计事务所
　　负责人：冈安泉
防灾：安宅防灾设计
　　负责人：铃木贵良
　　台湾建筑与都市防灾顾问
　　负责人：练乃斋　张岳琪
　　长荣科技大学（模拟消防排烟）
　　负责人：何三平　张慧蓓　李秉融
　　吴冠廷　陈佑任
家具：藤江和子ATELIER
　　负责人：藤江和子　野崎绿
　　丰田惠美子　柏原聪子　津熊雄二
　　永沢雪　广野雄太
舞台结构设计：Bear Engineering
　　负责人：秋月宏文
舞台照明设计：照明公司光明组
　　负责人：服部基
舞台音响设计：永田音响设计
　　负责人：稻生真
签名设计：广村设计事务所
　　负责人：广村正彰　阿部航太
结构设计：安东阳子设计
　　负责人：安东阳子
外构：伊东丰雄建筑设计事务所·大矩联合建
　　筑师事务所
　　老圃造园工程
　　负责人：方贞文　陈文彬　林玉贵
3D模型赞助：利道科技工程
　　负责人：梁增耀　郑光祐　王宏茂
　　江柏萱　赖东彩
施工赞助：竹中工务店
　　负责人：大畑胜人　藤井英二　风间雄一
监理：伊东丰雄建筑设计事务所
　　负责人：伊东丰雄　泉洋子　东建男
　　古林丰彦　乡野正广　藤江航　泽村圭介
　　水沼靖昭　佐野健太　大贺淳史
　　池田耕三　山田有吾　孙豪聪　方薇雅
　　大矩联合建筑师事务所
　　负责人：杨逸咏　杨立华　游惠贞
　　王健忠　王喆　陈琦为　郑钰中
　　李佳穗　陈右妮　张菱晏　孙守礼
　　蔡惇旭　李志铭
　　共同监理人
　　负责人：顾一君　罗仙吉　陈庆文
　　范白嘉　徐世洋　陈思颖　陈秋明

张念忠　叶耀荣　简琼芬　邱于嘉
周昭发　黄达文　李倬仁
施工
建筑：丽明营造
舞台设备：台大丰·金树营造企业联营体
空调：正宜兴业
卫生·电气：隆程兴业
规模
用地面积：57 020.46 m²
建筑面积：8308.20 m²
使用面积：51 152.19 m²
地下1层：12 973.71 m²
地下2层：12 132.49 m²
1层：7438.79 m²/1M层：99.23 m²
2层：7711.62 m²/3层：2600.06 m²
4层：2358.11 m²/5层：5060.37 m²
5M层：99.11 m²/6层：544.33 m²
建蔽率：14.57%（容许值：15%）
容积率：60.54%（容许值：75%）
层数：地下2层　地上6层　塔楼1层
尺寸
最高高度：37 700 mm
房檐高度：32 000 mm
层高：
1层：7500 mm/2层：4000 mm
3层：4300 mm/4层：6200 mm
5层：5500 mm/6层：4500 mm
用地条件
地域地区：公园用地
道路宽度：东30 m　西20 m　南20 m
停车辆数：327辆
结构
结构：钢架钢筋混凝土结构　部分为钢架结构
桩·基础：独立基础
设备
热源：风冷热泵机组500RT×2
　　　螺杆式冷水机组250RT×1
卫生设备
供水：高置水槽方式
排水：直流式排水方式（部分带有排水槽）
电气设备
受电方式：特高压（22.8kW）受电方式
设备容量：9700kVA
预备电源：柴油发电机
防灾设备
防火：闭锁式、开放式、喷洒式洒水消防设备
排烟：机械排烟设备
电梯：乘用电梯×16台　货用电梯×2台

工期
设计期间：2006年8月～2008年7月
施工期间：2009年12月～2016年9月
工程费
总工费：3 600 000 000台币
外部装饰
房檐：DYFLEX　双和化学
外壁：菊水化学工业
内部装饰
菊水化学工业
利用向导
开放时间：
　　周一至周五：10:30～22:30
　　周六、周天、节假日：10:00～23:00
无休馆
门票：免费
电话：+886-(0)4-2251-1777（国际电话）
网址：www.npac-ntt.org

伊东丰雄（ITO·TOYOO）
1941年出生于京城市（现首尔）/1965年毕业于东京大学工学院建筑学系/1965年～1969年就职于菊竹清训建筑设计事务所/1971年创立URBOT/1979年更名为伊东丰雄建筑设计事务所/目前为AIA名誉会员，RIBA名誉会员，熊本建筑艺术最高负责人

台中市城市绿化中心"夏绿地公园"远景视角

剧场开馆时期，巴塞罗那前卫演艺团体La Fura Dels Baus 演绎的理查德·瓦格纳的歌剧《莱茵的黄金》在Grand Theatre 内上演

台北南山广场（项目详见第134页）

● 向导图登陆新建筑在线
http://bit.ly/sk1703_map

所在地： 中国台湾台北市信义区信义段四小段28-0等3笔地号（A15+A18+A20街区）

主要用途： 写字楼　商业设施　文化设施　地区贡献设施（大型公交站等）

主建方： 南山人寿保险股份有限公司
　总顾问：尹衍樑　杜英宗　简沧圳
　开发负责人：陈志成
　CM负责人：叶国胜　高翔健
　监理负责人：傅国珍　许金印　陈玲瑱
　地形顾问：内藤恒方

设计

建筑：三菱地所设计
　整体统筹：大草彻也
　PM统筹·主任设计者：须部恭浩
　竞标负责人：高桥洋介　藤贵彰
　　前田大辅
　基本构想：须部恭浩　藤贵彰　阿折忠受
　　吉野毅
　基本设计·设计实施：须部恭浩　藤贵彰
　　川岸昇　永泽一辉　大崎骏一
　现场监督：须部恭浩　川岸升
　PM：张瑞娟　林宣宇（基本构想时：
　　JPTIP海老名宏明　郭馥瑄）
　CS：角川研　林林
　　协助作图：上村健太郎
　　Bus·CG：冯铭轩　久下真一郎
　　模型：关浩一　平川畅子　若林洋子
　　后藤MANAMI　三田爱子　铃木爱*
　结构负责人：川村浩　林林
　设备负责人：茂吕幸雄
　电力负责人：水取宽满
灯光设计：sola associates
　负责人：川村和广　三井敦史
地形协助：sola associates
　负责人：藤田久数　盐井弘一
内部装修设计·标识协助：MEC Design International
　负责人：山崎利也　三田高章　福田宏
　　远藤晓喜*（*原职员）

台湾设计
建筑：瀚亚国际设计
　负责人：罗兴华　孟繁周　陈列峰
结构：永峻工程顾问
　负责人：甘锡滢　姚村准　李源兴
设备：中兴工程顾问　群兴工程顾问
　负责人：张敬平　李俊义
监理：瀚亚国际设计
　负责人：刘志鸿
灯光设计：月河灯光设计
　负责人：林大为　郑玫君

施工

建筑：互助营造　负责人：杨金地
空调：虹工程
卫生：兆申工程
电力：福麟工程

规模

用地面积：17 708 m²
建筑面积：10 271.41 m²
使用面积：192 891.35 m²
地下1层：13 121.14 m²
1层：9601.90 m²/2层：7995.89 m²
R1F：1447.80 m²/R2F：844.92 m²
标准层：3088.22 m²（6层）~1363.06 m²
　（48层）
建蔽率：A15+A18街区：65.87%
　A20街区：36.39%
　（容许值：无特殊规定）
容积率：685.95%（容许值：A15：450%
　A18：560%　A20：450%）
层数：地下5层　地上48层　塔楼2层

尺寸

最高高度：27 200 mm
房檐高度：25 406 mm
层高：塔楼办公室：4800 mm
顶棚高度：塔楼办公室：3100 mm
主要跨度：4800 mm×5500 mm

用地条件

地域地区：特定业务区　一般商业区
　娱乐设施区
道路宽度：东30 m　西20 m　南10 m
停车辆数：464辆
大型公共汽车数：31辆
停自行车辆数：639辆

结构

主体结构：地上钢架结构　地下钢架钢筋混凝
　土结构+钢筋混凝土结构
桩·基础：摩擦桩

设备

环境保护设备
台湾绿建筑标章钻石级
LEED认证
空调设备
空调方式：文化入口区AHU　塔楼一栋PAH+FCU
　（冷暖房）　商业区AHU
卫生设备
给水：重力方式
排水：分流方式
电力设备
供电方式：高压供电方式
设备容量：31 500 kVA
额定电力：11 950 kVA
备用电源：30 000 kVA
防灾设备
防火：消防栓　自动喷水灭火装置　喷水型
　泡沫灭火器等设备
排烟：机械排烟
升降机：目的地登记系统　塔楼双层电梯
　一般电梯　自动扶梯（三菱电机）

工期

设计期间：2012年7月~2015年8月
施工期间：2013年11月~2017年12月

外部装饰

塔楼
外墙：YKK AP　ALPOLIC
入口：YKK AP
外部结构：织制陶
文化入口区
屋顶·外墙：新日铁住金
入口：合特工程　三菱树脂
外部结构：织制陶
商业区
外墙：三菱树脂
入口：合特工程　Saint-Gobain
外部结构：织制陶

内部装饰

塔楼
入口大厅
墙壁：三和Shutter
标准层办公室
墙壁：SHY
顶棚：Philips
标准层公共区·电梯大厅
地板：MILLIKEN
墙壁：TOPPAN
标准层卫生间·浴室·垃圾房
墙壁：AIKA工业
其他：TOTO　DYSON

设施详情

商业区部分租用：微风BREEZE（预计2018年开业）

大草彻也（OOKUSA·TETSUYA）
1963年出生于千叶县/1986年毕业于东京大学工学院建筑系/1988年毕业于东京大学研究生院/1988年~2001年就职于三菱地所/1997年毕业于宾夕法尼亚大学研究生院/2001年至今就职于三菱地所设计/目前担任执行社员建筑设计四部长兼常盘贵桥项目室长

须部恭浩（SUBE·YASUHIRO）
1972年出生于神奈川县/1995年毕业于明治大学理工学院建筑系/1995年~2001年就职于三菱地所/2001年至今就职于三菱地所设计/2009年~2013年担任同公司上海事务所首席代表/2012年~2013年派驻中国台湾/目前担任建筑设计四部兼海外项目室主管、明治大学兼职讲师

藤贵彰（HUJI·TAKAAKI）
1982年出生于兵库县/2005年毕业于早稻田大学理工学院建筑系/2007年毕业于早稻田大学研究生院古谷研究室/2007年至今就职于三菱地所设计/目前担任建筑设计四部兼海外项目室副主/2012年~2013年派驻中国台湾

川岸升（KAWAGISI·NOBORU）
1981年出生于石川县/2002年毕业于石川工业高等专门学校建筑系/2004年毕业于新潟大学工学院建筑系/2006年毕业于新潟大学研究生院博士前期课程/2007年毕业于瑞士联邦工科大学苏黎世分校MASUD/2008年~2013年就职于KCAP Architects & Planners Zurich/2013年至今担任三菱地所建筑设计四部兼海外项目室副主管

川村浩（KAWAMURA·HIROSI）
1964年出生于爱知县/1988年毕业于早稻田大学理工学院建筑系/1990年毕业于早稻田大学建设工学系/1990年~1999年就职于三菱地所/1999年~2002年就职于Ove Arup & Partners（London）/2002年至今就职于三菱地所设计/目前担任三菱地所结构设计部部长

航拍图。周围建有台北市政府和其他行政设施

《日本新建筑》2018
征订全面启动

Subscription
of **2018**
Starts Now

微店

淘宝

单本定价**98**元/期，全年订阅5期490元/年

　　《日本新建筑》创刊于1925年8月，至今已有92年的历史，是日本颇具影响力和权威性的建筑类专业杂志。杂志内容包括建筑理论、室内设计、装饰、空间设计、城市规划等，是广大建筑人士不可多得的案头工具书。

　　自2009年起，大连理工大学出版社与日本新建筑社合作，获得日本新建筑社的授权，在中国大陆发行日本《新建筑》杂志中文版——《日本新建筑》。该书精选《新建筑》杂志中的项目、论文、报道、资讯、月评等内容，向中国的建筑界人士介绍、传播日本建筑界的新思想、新设计、新技术以及前沿资讯，为中国建筑行业的发展提供借鉴，为中国的建筑领域注入新活力。

更多详情可致电 0411-84709075 咨询

欢迎您加入我们，与我们携手共进，一同推动景观行业不断发展！

立足本土 放眼世界
Focusing on the Local, Keeping in View the World

《景观设计》2018
征订全面启动

Subscription
of *2018*
Starts Now

订阅

邮局征订：邮发代号 8-94
邮购部订阅电话：0411-84708943

单本定价**88**元/期，全年订阅**528**元/年

2018 年全年共计 528 元（双月刊，全年 6 期），共订阅（　　）套

订阅类别　□ **个人**　　□ **单位**　　□ 需要发票（收到您的汇款后，发票将随杂志一并寄出）

姓名：　　　　　　　　　　　　　单位名称：

邮寄地址：　　　　　　　　　　　　　　　　　　　　　　　　　　邮编：

电话：　　　　　　　　　　　　　合计金额（大写）：

备注：请详细填写以上内容并传真至 0411-8470 1466（联系人：宋鑫），以便款到后开具发票和邮寄杂志（此订单复印有效）

订阅方式

□ **邮局汇款**
　户　名：大连理工大学出版社有限公司
　地　址：辽宁省大连市高新技术产业园区软件园路 80 号
　　　　　理工科技园 B 座 802 室
　邮　编：116023

□ **银行汇款**
　银　行：农行大连软件园分理处
　账　号：3406 9001 0400 05049

征订回执单 Subscription

大连市高新技术产业园区软件园路 80 号理工科技园 B 座 1104 室，邮编：116023
电话：0411 - 8470 9075　　传真：0411 - 8470 9035　　E-mail：landscape@dutp.cn

关于《景观设计》杂志价格调整公告

尊敬的读者朋友：

　　《景观设计》创刊于 2002 年，历经 15 载，以繁荣景观创作、增进国内外学术交流为办刊宗旨，已经成为景观及城市规划设计领域首屈一指的国际性权威刊物。

　　由于近年来纸张成本、物流运输等各方面的价格上涨，杂志社根据实际情况做出如下价格调整：

　　自 2018 年起，《景观设计》杂志的定价由原来的 **58** 元/期，调整为 **88** 元/期，全年订阅价格调整为 **528** 元/年（双月刊，全年 6 期）。

　　望广大读者朋友周知，感谢您的支持与厚爱！

大连理工大学出版社有限公司

《景观设计》杂志社

二〇一七年七月

更多详情可致电 0411-84709075 咨询

欢迎您加入我们，与我们携手共进，共同推动景观行业不断发展！

微信

新建築
株式會社新建築社，東京
简体中文版© 2017大连理工大学出版社
著作合同登记06-2017年第207号

图书在版编目(CIP)数据

建筑的未来 / 日本株式会社新建筑社编；肖辉等译
. 一大连：大连理工大学出版社，2017.12
ISBN 978-7-5685-1141-4

Ⅰ.①建… Ⅱ.①日… ②肖… Ⅲ.①建筑设计—作
品集—日本—现代 Ⅳ.①TU206

中国版本图书馆CIP数据核字（2017）第292982号

出版发行：大连理工大学出版社
　　　　　（地址：大连市软件园路80号　邮编：116023）
印　　刷：深圳市福威智印刷有限公司
幅面尺寸：221mm×297mm
出版时间：2017年12月第1版
印刷时间：2017年12月第1次印刷
出 版 人：金英伟
统　　筹：苗慧珠
责任编辑：邱　丰
封面设计：洪　烘
责任校对：寇思雨

ISBN 978-7-5685-1141-4
定　　价：人民币98.00元

电　　话：0411-84708842
传　　真：0411-84701466
邮　　购：0411-84708943
E-mail：architect_japan@dutp.cn
URL：http://dutp.dlut.edu.cn

本书如有印装质量问题，请与我社发行部联系更换。